U0311104

AIG℃+

100倍速生产爆款
内容的底层逻辑

吕白　机器猫
————编著

北京理工大学出版社
BEIJING INSTITUTE OF TECHNOLOGY PRESS

图书在版编目（CIP）数据

AIGC+：100倍速生产爆款内容的底层逻辑／吕白，
机器猫编著. —北京：北京理工大学出版社，2023.5
ISBN 978-7-5763-2397-9

Ⅰ.①A…　Ⅱ.①吕…②机…　Ⅲ.①人工智能–研究
Ⅳ.①TP18

中国国家版本馆CIP数据核字（2023）第090864号

出版发行／北京理工大学出版社有限责任公司
社　　址／北京市海淀区中关村南大街5号
邮　　编／100081
电　　话／（010）68914775（总编室）
　　　　　（010）82562903（教材售后服务热线）
　　　　　（010）68944723（其他图书服务热线）
网　　址／http：//www.bitpress.com.cn
经　　销／全国各地新华书店
印　　刷／文畅阁印刷有限公司
开　　本／880毫米×1230毫米　1/32
印　　张／7.5　　　　　　　　　　　　　　　责任编辑／钟　博
字　　数／113千字　　　　　　　　　　　　　文案编辑／钟　博
版　　次／2023年5月第1版　2023年5月第1次印刷　责任校对／刘亚男
定　　价／69.00元　　　　　　　　　　　　　责任印制／施胜娟

AIGC 时代的自媒体创作大变革

当一扇门被关闭，另一扇门便会开启。我们所生活的这个时代，充满着无尽的机遇和可能性。正如爱因斯坦曾经说过："逻辑会带你从 A 点到 B 点，想象力将带你去任何地方。"如今，我们正在见证一个全新时代的降临——AIGC（人工智能生成内容）时代。

在过去的九年里，新媒体行业经历了翻天覆地的变革。从 PGC（专业生成内容）到 UGC（用户生成内容）的崛起，再到如今的 AIGC，效率和产出都发生了倍速的提升。正如佛教所说："一切有为法，如梦幻泡影，如露亦如电，应作如是观。"这一变革对于内容从业者来说，无疑是对原有工作模式的深刻反思和颠覆。

不久前，月薪 1 万元的编辑被视为新媒体行业一个核心价值的门槛。而今，AI 的写作水平已经与北京月薪 1 万 ~ 1.5 万元的编辑不相上下。AI 不仅提升了工作效率，更为惊人的是，它甚至能表达出"情感"。比如我让 AI 帮我写的生日感言：

马上 30 岁了，在过去的日子里，我一路披荆斩棘，拿了很多别人感觉很厉害的 title，在很多人看来，我的人生光鲜亮丽，但我却深知自己内心的疲惫和不安。我一直想要追求自己的梦想，但却缺乏勇气，害怕失败和被嘲笑。这种内心的恐惧一直让我感到孤独和不安。

我时常担心自己会错过什么，错过未来的可能性，因此我常常放弃一些本该属于我的机会。我就像在德州扑克中翻到 AA 牌一样，不断地感受到自己手中的牌会随着别人的行动而变小。我总是担心自己的每一步都可能是错的，所以我不断地感到焦虑。

直到今年的生日，我突然领悟到人生是一场体验。于是我决定，以另一种方式过这个生日。我来到了香港，和朋友汐若一起去爬山，却迷路了。我们在山上来来回回走了很久，走错了很多次，路也很滑。最后，我们互相扶持、鼓励着，终于走出了山林，看到了山下的出租车。这时，我莫名其妙地感到了一种开心的感觉，风吹过我被汗水打湿的额头，我感到自己似乎理解了什么。

我意识到，在我过去的人生中，我一直孤军奋战，总是想靠自己解决所有的问题。然而，我也突然意识到，我需要有合伙人，也需要有陪伴我一起奋斗的人。事业、爱情还有很多……这种陪伴不仅仅是因为我需要他们，而是因为这个世界上每个人都需要彼此，都需要互相扶持和鼓励。

因此，我想对自己说，要敢于向前走，不要害怕错过。我会更加珍惜身边的人，和他们一起经历人生中的每一次体验。这个世界很大，我想尽可能多地去体验，去感受，去探索。我相信，人生中最重要的不是结果，而是过程中的每一种体验和所获得的感悟。

尽管是 AI 创作，却准确地将我的想法表达了出来。

在这场革命中，更多的人会开始意识到，创意的本质其实是对已有元素的重新组合。而这正是 AI 在经过不断训练后所擅长的领域。在这个时代，90% 的人是没有创意的，大家都在组合。就像我很久写过的一句话一样："爆款都是重复的。"而 AI 只需很短的时间，就能轻松击败人类。

然而，在这个效率和产出不断提升的时代，我们所面临的最大挑战，是如何在这股浪潮中保持自我。

正如苏格拉底所说："认识你自己。"

作为未来内容从业者，核心能力之一是清楚地了解自己的需求，并提出关键问题。在 AI 占据主导地位的时代，深刻了解自己是驾驭 AI 的唯一途径。许多人并不清楚自己的需求，更无法表达出来，因此只有深刻了解自己，才能在这个快速发展的时代找到自己的立足之地。

在这本书中，我想和你深入探讨 AIGC 如何颠覆传统内容行业，以及如何在这个新时代中找到我们的价值和定位。书中将涵盖以下主题：

- AIGC 的崛起：从 PGC、UGC 到 AIGC，我们将追溯内容产业的发展脉络，理解这一变革背后的驱动力。

- AI 与人类的共生：在 AI 逐渐替代人类工作的背景下，我们如何与 AI 共同成长，发挥各自的优势，实现共赢。

- 重塑创意：重新审视创意的本质，尤其是内容创作方面，探讨如何在 AIGC 时代打破旧有思维模式，激发创新力，创造更多出色的作品和成果。

- 提问的艺术：学会向 AI 提出关键性问题，明确自己的需求，找到与 AI 互补的领域，让 AI 更好、更精准地服务于我们的工作和生活。

- 自我认知：学习如何在 AIGC 时代保持独立思考，明确个人的自我价值，勇敢地面对未来的挑战。

在这个充满变革的 AIGC 时代，我们需要摆脱恐惧，以勇气和信心面对未来的挑战，同时学会适应新的形势和机遇，在 AI 的帮助下，将自身的潜能发挥到最大化，共同创造更加美好的未来。让我们一起跨入这个令人激动的新时代，探索未知的新领域，共同追求真正的自我价值。愿这本书能成为你在 AIGC 时代创作领域的指南，引领你走向一个充满机遇和挑战的新世界。

CONTENTS 目 录

CHAPTER 4

AIGC 妙用：
AIGC 如何在各大平台大显神通

AIGC 的发展趋势

CHAPTER

5

探寻 AIGC 时代的
自媒体发展之路：
一个人成为一个工作室

随着移动互联网的迅速发展，新闻传播在内容和渠道方面都发生了深刻的变化，新媒体的发展正在朝着娱乐化、视频化的方向突飞猛进。自媒体也早已成为一个热门话题。自媒体是指个人或小团队通过各种互联网平台，以自己的专业能力、知识或兴趣为主题，进行信息分享、传播和创作的一种新型媒体形式。在这个信息爆炸的时代，自媒体的出现为许多人提供了一个展示和发声的平台，而成为一个自媒体工作室更是许多人的梦想。

但无论何时何地，"内容为王"都是媒体的根本，而在新媒体的背景下，必须有适合移动互联网传播的形态和方式，这就是工作室存在的意义，一般情况下，一个工作室都是由各个行业、各个领域的专业人才共同构成的，其中包括视频剪辑、创意、后期的制作、营销等方面的人才。

筹建一个工作室所进行的投入和成本可想而知，因此在以往，不是每个人都能够创建自己的工作室，但AIGC的诞生却让一个人变成一个工作室成了可能，特别是在ChatGPT横空出世后，更是将这个想法推入现实，变成可以实现的事。

翻转创意世界：从 PGC、UGC 到 AIGC 的内容生产革命

在人工智能时代，AI 技术是其中的一场重头戏，而 AI 技术中最普遍应用的就是 AIGC。例如，现在你只需对着 AI 工具说：画一名宇航员骑在一头驴上的图，它就会立即根据你的要求自动生成出一张类似的图画，如图 1-1 所示，而这只不过是 AIGC 中不值一提的一小部分而已。

1. PGC

PGC（Professional Generated Content）指专业生成内容，经由传统的广电工作者按照几乎与电视节目相同的方式来进行制作，但在内容的传播方面，必须按照互联网传播特点来调整。简单来说，PGC 就像是工作室一样的存在，由一群专业人士负责，生产更专业、质量更有品控的内容。

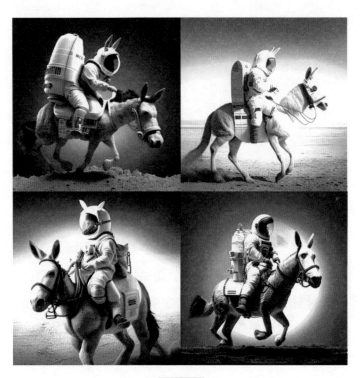

图 1-1

在内容上，PGC 生态体系是从内容生产、内容推广，到品牌的形成、粉丝的聚集和反馈，最终内容被粉丝反哺并进行自推广的完整生态闭环。从商业角度，优酷让优质内容形成品牌价值，再通过价值变现让创作者更专注内容的创作。现在的大多数专业视频网站都是采用 PGC 的模式，这种分类更加专业，内容质量也更有保障。例如，优酷就是最早发力于 PGC 的视频网站之一。

但是 PGC 的创作模式是存在缺陷的，因为 PGC 是由一群专业人士来进行生产，所以质量相对可控，在人数比较少的时候管理和培训起来还相对垂直，能够直接满足平台方的内容需求。但当 PGC 内容需求量越来越大时，就会出现问题。例如，相对的运营费用会水涨船高、人多管理起来比较困难、后续验收工作量巨大等。

而且为保障质量，一般 PGC 的内容制作成本较高，往往需要投入大量的人力、物力和财力，这在一定程度上会提升创作者的进入门槛，导致 PGC 模式产能低，无法满足用户部分多样化、个性化的需求。

就拿土豆网来说，在一个长视频蓬勃发展的时代，它是市场占有率最大的两个平台之一，但在与同类型平台优酷的竞争中并没有取得胜利，反而因为比优酷晚一步上市而成为被收购的对象。

但优酷与土豆网两者合并后市值不升反降，亏损两年后才实现短暂盈利，之后再次陷入亏损深渊。原因很简单，在 PGC 模式下，非常依赖于专业人士，人才是很关键的，所以在土豆网被收购后，人心涣散，也就没落了。而且 PGC 模式的用户黏性不高，那时候也无法实现对用户兴趣的精准推荐，这也是导致土豆网没落的重要因素。

2. UGC

UGC(User Generated Content)指用户生成内容，是一种用户使用互联网的新方式，是指用户在网络上向他人展示自己的原创作品或向他人提供内容，泛指用户以任何形式在网络上发表创作的文字、图片、音频、视频等内容，但这种内容质量不可控，需要平台设计规则加以约束或遴选出优质内容。用户既是网络内容的浏览者，也是网络内容的创造者。相对 PGC 来说，UGC 更加灵活，各大论坛、博客和微博客站点的内容均由用户自行创作，管理人员只协调和维护秩序，就能够充分利用流量优势提升用户参与度。

但也因 UGC 创作自由度高，导致其内容创作良莠不齐，需要平台设计规则加以约束或遴选出优质内容，这让制订规则和搭建内容生产体系成了 UGC 社区的命脉，比 PGC 要困难得多，一个环节出了问题，结果都会非常严重。例如，抖音、小红书都是以 UGC 模式为主的应用软件。

总的来说，UGC 模式的出现将消费者转化为创作者，降低了生产成本，在一定程度上解决了 PGC 模式产能低，无法满足用户部分多样化、个性化需求的问题，但风险较大，需要设计规则加以约束。另外，UGC 创作存在学习成本、时间成本，难以做到零门槛。

在 UGC 的发展中，韩国是移动 UGC 发展最好的国家。例如，韩国的 SK 公司推出的赛我网，是全球最成功的 UGC 模式下的业务之一，韩国用户占韩国总人口的 1/3，而且绝大多数用户都是 20 岁左右的年轻人。

3. AIGC

AIGC（AI Generated Content）指利用人工智能技术来生成内容，是继 PGC、UGC 之后的新型内容生产方式，AI 音乐、AI 文本、AI 绘画、AI 写作都属于 AIGC 的分支。

在从 PGC、UGC 到 AIGC 的发展过程中，其创作者生态的发展是在不断变化的，从传统的专业生成内容（PGC）到用户生成内容（UGC）再到如今的 AI 生成内容（AIGC）。相对于前面的 PUC 和 UGC，AIGC 更像是综合了两者的优点，它的内容制作成本是非常低且高效的，创作也不存在学习成本和时间成本，一切都可以由 AI 来帮助你完成，甚至只需要给出一个方向就够了。例如，给个标题就能一秒写出一篇 100 字的文章，根据一句话就能生成一个视频等。

在 AIGC 的模式下，创作者的进入门槛极低，可以说，在 AIGC 的帮助下一个人就能成为一个工作室，每个人都可以零门槛成为优质内容的创作者。

但受技术发展的限制，目前 AI 仅扮演辅助角色，人类依然需要在关键环节创作内容或输入指令，AI 暂不具备成为创作者进行自主创作的能力，目前内容生产仍是以 PGC 和 UGC 为主，AI 生产为辅。

随着数据、算法等核心要素不断升级迭代，AIGC 或将打破传统的人为局限，实现独立创作，创造更加多元化的内容。从理论上讲，AIGC 将实现内容生态的无限供应，AIGC 在生产效率上将超越 PGC，内容质量也超越 PGC，同时兼顾生产效率与专业性。

AIGC 在创作上低成本、高产出的特性使得它必然会被商业化，成为娱乐大众的一股新势力。以前优酷土豆网是 PGC，现在 B 站、抖音、快手是 UGC，而未来肯定还会出现 AIGC 这种平台，将彻底改变内容生产的格局。

相较于 PGC 和 UGC，AIGC 没有悠久的发展历程，所以在国内并不被大众所熟知，但 ChatGPT 的横空出世打破了现有格局，让 AIGC 的发展有了新的可能。

ChatGPT 开启全新时代：AI 语言模型带来的变革

对于 AIGC 来说，2022 年被认为是其发展速度惊人的一年，ChatGPT 的出现彻底将 AIGC 的发展推入了高潮，开启了 AIGC 的全新时代，也意味着人类将彻底迈入 AI 的大门。

AIGC 的迅猛发展，将彻底改变众多企业与个体的命运，这是不亚于蒸汽机、铁路、电报、互联网的时代巨浪，甚至对于知识型工作者来说，完全等于工业革命。

连一度被视为最难以实现自动化的智力工作者程序员，如今 ChatGPT 在此方面也都毫不逊色，可以想象，未来 ChatGPT 将改变所有人的生活。如果说互联网引发了空间革命，手机引发了时间革命，那么，ChatGPT 将引发思维革命，它改变了人类思考和处理问题的方式，开启了全新的 AI 时代！

1. 什么是 ChatGPT

ChatGPT（Chat Generative Pre-trained Transformer）是由 OpenAI 开发的一种大型语言模型。它的起源可以追溯到 2015 年，当时对人工智能的未来充满了乐观，埃隆·马斯克和其他科技界巨头合伙投资建立了一所开放式的人工智能研究机构，也就是 OpenAI，这所研究机构秉持着创始人的初心，一直着重于探索各种人工智能技术，包括机器学习、深度学习和自然语言处理等。其中，自然语言处理是 OpenAI 关注的重点之一。不过在深度学习技术出现之前，该领域一直没有很大的进展，直到深度学习技术的出现，才让自然语言处理技术在过去的几年中有了重大的进展，OpenAI 也因此建立了一系列以 GPT 为代号的强大语言模型，而 ChatGPT 就是 GPT 系列语言模型的一个变种。

其实 ChatGPT 就是人工智能技术驱动的自然语言处理工具。准确地说，目前它是一个聊天程序，但又比我们所熟知的 Siri、小爱同学这些 AI 多了一样最关键的东西，那就是它会思考。你向它提问，它能知道你在说啥，还能根据聊天的上下文进行互动，所以，它可以像真人一样和你有来有回地聊天，而不是像其他 AI 只能回答你：这个问题我回答不了，还有什么可以帮到你？

至于写文章，那更是不可能了，但是 ChatGPT 却可以做到。

而你向 ChatGPT 提出的问题，哪怕在网上搜不到答案，它也能综合各种信息给出一个相对靠谱的答案，还可以在给定的文本中自动生成单词和句子，使用不同语言的词库，可以在多个不同的文本中提取多个特征，从而生成用户想要的各种语言的文本。除此之外，ChatGPT 甚至能完成撰写邮件、视频脚本、文案、翻译、代码等任务。

如果把 Internet 类比成一个超大的图书馆，Google 就是这个图书馆的管理员，它总能快速地找到你想看的书，那 ChatGPT 就像是囫囵看完了图书馆所有书的人，虽然理解得不够深刻，但如果你问它有关图书馆书的内容，它都能给你说个大概。

ChatGPT 的能力不是固定不变的，它是可以增长的，它能够通过对海量的对话数据和深度学习的学习，从而不断优化其对话生成能力。从一开始只能回答一般性的问题，到后来甚至能处理情感问题，还能够理解语境，并给出具有趣味性的回答等。这相当于一开始的 ChatGPT 只是囫囵地看完 Internet 的所有书，你向 ChatGPT 询问求助只能得到浅显的大概内容，在不断的学习下，很快 ChatGPT 就能和你侃侃而谈。

在实际应用中，ChatGPT 不仅可以用来对话，其中的模块衍生应用也可以帮助企业和机构提高效率，用于各种场景，同时也可以为个人提供更加智能化的服务，相当于一个便捷的虚拟小助手、智能客服、聊天机器人等。

例如，ChatGPT 可以协助制作 PPT，简单快捷，比自己做不知道快多少倍，全程自然语言，傻瓜式操作，简单几步就能拥有一个漂亮的 PPT，如图 1-2 所示。

▶ **1. ChatGPT**

▶ **2. MJ AI绘画**

▼ **3. Tome AI生成PPT**

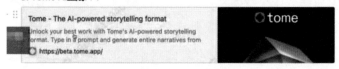

只需要输入一个标题，幻灯片的大纲、内容、配图一键搞定
- 图片是 AI 自动生成的，目前用的是 DALL·E 2
- 基于 Web 的效果真不错，还能跟 Figma、Twitter 等集成

• 图 1-2 •

不过这些步骤还是有些烦琐，"闪击"App 可以加速完成制作，如图 1-3 所示。

（a）先让它输出 PPT 内容

（b）复制 PPT 全部内容到
闪击 PPT 编辑器

（c）把内容粘贴到文本框
单击文本转 PPT

（d）单击演示就可以看到
做好的 PPT

• 图 1-3 •

除此之外，美国北密歇根大学的一名教授曾在学生的作业里发现了一份"完美论文"，其水平超过了大部分学生，结果这份作业 99.9% 都是 ChatGPT 写的。美国的大学调查显示，89% 的美国大学生都在用 ChatGPT 来做作业。连以色列的总统都在用 ChatGPT

来撰写他的演讲稿，并选了一部分内容用在网络安全会议的发言中，ChatGPT 的好用可见一斑。

可以说在 ChatGPT 的这种全方位革命性颠覆下，即使那些强大的互联网公司也明显感受其中的急迫感，连埃隆·马斯克都直呼好得吓人。但问题是，人工智能都搞了十几年了，无论微软的小冰、苹果的 Siri，还是阿里的天猫精灵，都没有特别大的发展，为什么忽然之间就冒出这么一个庞然大物？

2. ChatGPT 的发展

其实 ChatGPT 的火爆发展是有迹可循的，在深度学习技术出现后，自然语言处理技术有了重大的进展，OpenAI 的研究人员开始利用这些技术建立起一系列强大的语言模型，也就是 GPT 系列。ChatGPT 的发展就源于 OpenAI 的 GPT 系列语言模型，可以说 ChatGPT 的发展一共经历了五个阶段。

阶段一：GPT-1

GPT-1 是 OpenAI 的第一代语言模型，它于 2018 年发布，是 OpenAI 第一款真正意义上的通用语言模型。

GPT-1 设计的目的是能够对自然语言进行流畅的处理，并能很好地执行多个领域的任务。OpenAI 在

GPT-1 平台上采用了一种由 12 个转换器模块组成的神经网络体系结构，使得它可以模拟海量的文本数据。这使得 GPT-1 具备了使用维基百科、新闻、小说、网页等多种不同领域的文字资料的能力，可以进行预先训练，可以将文字分类与文字产生结合起来，并且可以进行文字的分类与产生。提出了一种基于多层次转换的文本生成方法，并利用该方法实现了多种语言格式的表达；在语言产生中，采用了一种新的方法，对某一类词的出现概率进行预测。结果表明，该方法具有较高的精度和精度。

总而言之，GPT-1 是一种具有较高学习能力、通用性强的通用语言模型，且 GPT-1 的使用也非常简单，只需要在网页上下载一个 GPT-1 应用程序便可以进行。当然，它还是存在一些问题的。例如，在不同设备间互传文件会出差错，不能提供一个标准答案，预训练的语言模型数量太少导致其泛化能力不高、效率较低等，这也是其后期无法获得更多数据进行训练的原因之一。

阶段二：GPT-2

GPT-2 是 GPT 系列语言模型的第二代，它于 2019 年发布，是 OpenAI GPT-2 对 GPT-1 的进一步改进。

GPT-2 的设计目的是进一步提高 GPT-1 的性能，并使其在更广泛的应用场景中使用。为了达到这个目标，GPT-2 使用了更大的模型和更多的训练数据。具体来说，GPT-2 使用了一个包含 15 亿个参数的神经网络模型，并使用了超过 80GB 的文本数据进行训练。

这让 GPT-2 在多项任务中表现出极高的性能。例如，在著名的 Super GLUE 基准测试中，GPT-2 在多个任务中获得了最高得分。此外，GPT-2 在自然语言生成方面的表现也非常出色。它可以生成连贯的语句、文章和故事，甚至可以生成诗歌和音乐。

但是 GPT-2 在发布不久后遭到了质疑：通过生成式系统来达到一个"完美"的语言状态是不可能的，因为该系统最终会发现自己有错误。质疑者指出："现在所有在模型上执行生成任务都是在训练期间运行一段时间，而不是在每一个训练后都能够进行自我修复。"因此在经过了一段时间后，OpenAI 又重新研发了 GPT-2。将 GPT-2 进行了改进，包括：

（1）使用更大的转换器体系结构和更多层数的转换器。

（2）使用更多层数和更大的网络参数。

（3）通过集成到其他预训练语言模型来改进 GPT。

这些改进使得其能够在大型自然语言数据集中得到很好的效率，GPT-2 能够直接从句子中抽取知识进行预测或者生成。但当时没有人相信它能使用准确无误的语义，可以自我修复并提出更好建议甚至能够与人类交谈。因此 OpenAI 认为这个版本并不完善，于是 OpenAI 又研发了 GPT-3。

阶段三：GPT-3

GPT-3 是 GPT 系列语言模型的第三代，它于 2020 年发布，是在 GPT-2 基础上，基于预训练语言模型的一种改进。

GPT-3 的设计目的是进一步提高自然语言处理的能力，使其更接近人类的水平。为了达到这个目标，GPT-3 使用了一个包含 1 750 亿个参数的神经网络模型，并使用超过 45TB 的文本数据进行训练。

这让 GPT-3 在多项任务中表现出非常出色的性能。例如，在著名的 GLUE 和 Super GLUE 基准测试中，GPT-3 在多个任务中获得了最高得分。此外，GPT-3 在自然语言生成方面的表现也非常出色。它可以生成连贯的语句、文章、故事、新闻报道和诗歌，甚至可以生成电子邮件、聊天记录和代码等。

除了这些传统的自然语言处理任务之外，GPT-3还可以进行一些非常有趣的操作。例如，它可以生成新的英文单词，甚至可以将不同语言之间的翻译整合在一起。此外，GPT-3还可以用于自然语言理解和推理，可以理解一些具有隐含含义的语句，并且可以在语义上将文本、事实与知识相匹配。

总的来说，GPT-3是一种简单却强大的语言模型：它可以在给定语料库上获得最佳输出结果；可以有效地在语料上进行知识获取；而且，它还具有自学习、在小数据环境下应用的特点，算是比较成熟的产品。

阶段四：ChatGPT

ChatGPT是OpenAI在GPT系列语言模型基础上进一步发展而来的一个特殊的语言模型。

ChatGPT与传统的自然语言处理任务有所不同，它的目标是让人工智能系统能够与人类进行正常的交互。这一目标的实现将大幅提高人工智能在日常生活中的应用程度，从而进一步提高人工智能的可靠性和稳定性。为此，ChatGPT使用了一个类似于GPT-3的巨大神经网络模型，并在其基础上进行了针对性的训练和优化，使得它更加注重与人类交互的能力。

ChatGPT 可以用于各种场景，如智能客服、聊天机器人、虚拟人物和语音助手等。它可以回答一般性的问题，还可以处理更加复杂的对话，如情感交流、语境理解和趣味性等。此外，ChatGPT 还具有一些特殊的功能，如生成语音、翻译、写作和编程等，相当于一个优秀便捷的虚拟小助手。

阶段五：ChatGPT-3

ChatGPT-3 则是在 ChatGPT 的基础上进一步发展而来的一个特殊的语言模型。与 ChatGPT 不同的是，ChatGPT-3 更加注重与人类交互的能力，特别是在情感交流和语境理解方面。为了实现这个目标，ChatGPT-3 使用了类似于 GPT-3 的巨大神经网络模型，并使用了超过 1 750 亿个参数的模型进行训练。

因此 ChatGPT-3 可以进行自然语言生成、自然语言理解、情感分析和知识图谱等任务，并且可以与用户进行情感互动和智能推荐等。例如，ChatGPT-3 可以回答各种各样的问题，甚至可以理解上下文、人类情感和个性特征，还可以生成连贯的语句、文章、故事、新闻报道和诗歌等。

此外，ChatGPT-3 还具有一些特殊的功能，如生成语音、翻译、写作和编程等。在生成语音方面，ChatGPT-3可以将文本转换成自然语音，同时可以控制语音的语调和速度等。在翻译方面，ChatGPT-3可以实现多语言之间的实时翻译，同时可以将不同语言的语句进行整合和优化。在写作方面，ChatGPT-3可以生成高质量的文章、小说、新闻报道和评论等，甚至可以生成整本书的内容。在编程方面，ChatGPT-3可以根据用户输入的内容，生成高质量的代码，甚至可以完成一些复杂的编程任务。

3. ChatGPT 的现状

ChatGPT在发布后短短5天时间注册用户数就超过了100万。两个月后月活用户更是突破1亿，成为史上增长最快的消费应用，由于ChatGPT的出色表现，它已经成为当今最先进的自然语言处理技术之一，在全球掀起了一股空前的热潮。

在以前，一项高科技的出现，往往只是科技界的震荡，普通人需要等到这项科技推广应用才会感觉到它的发展与存在，如电话。

但没有哪个高科技的出现像这次一样让普通人迅速感受到未来科技的力量，或者说是人工智能这波浪潮带来的前所未有的猛烈压力。这也因此吸引了全球各地的研究人员和开发者加入研究和开发工作，国内的各科技公司也纷纷开发相关程序。例如，百度在 2023 年 3 月中旬就发布了类似 ChatGPT 的 AI "文心一言"。

ChatGPT 发展的每一步都对人工智能领域具有非常重要的意义，ChatGPT 不仅可以为日常生活提供更多的便利和智能服务，还具有广泛的应用前景，如智能客服、智能语音助手、虚拟人物、自动化写作和编程等领域。

梳子名品 "谭木匠" 每年都有个设计大赛（图 1-4），结果有好事的网友用 ChatGPT 设计了一堆梳子图案与获奖作品进行比较，如图 1-5 所示，虽然每个人审美不同，不能给出一个完美的评价，但也足以让人惊叹。这件事后，网络上关于自己的工作会不会被人工智能所替代的议论越来越多，对于普通人来说，这也是一种巨大的压力。

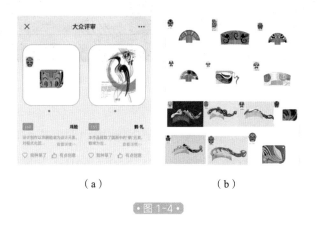

（a） （b）

• 图 1-4 •

・图 1-5 ・

很早之前，在机器人概念刚被提出时，人们就在担心未来会被人工智能取代，现在 ChatGPT 横空出世，更是让大家感到焦虑，ChatGPT 的出现可能会

AIGC+:
100 倍速生产爆款内容的底层逻辑

导致像客服、数据分析、文本翻译、语音转换等行业人员失业。

但是这并不意味着整个行业会消失，实际上它改变的是行业存在的形式和需求，就现在而言，ChatGPT还不够完善，虽然ChatGPT拥有强大的功能，但它的数据无法做到实时更新，只能做一些基础性工作，更复杂的任务和决策仍然需要人去完成。

其次，在日新月异、瞬息万变的现代社会中，ChatGPT的数据集很容易落伍，受制于数据集的质量，ChatGPT自己也无法克服语言啰唆繁复、内容虚假或带有偏见等问题。例如，谷歌公司在巴黎举行的一个活动，演示人工智能聊天机器人"巴德"(Bard)的新功能，期间巴德被问及詹姆斯·韦伯太空望远镜的新发现，巴德回复该望远镜是用来拍摄太阳系外行星的第一批照片的，但这些照片实际上是由另一台望远镜拍摄的，这个错误让谷歌的市值一夜蒸发7 172亿元（图1-6），由此可见非常有必要对聊天机器人进行严格的测试。

ChatGPT并不是简单地使用模型，它需要结合具体的应用场景去完成任务，因此最终给出的答案也要结合具体应用场景，不过，随着技术的不断进步和研究人员不断地探索和学习，ChatGPT 也在持续发展中不断完善自身的不足之处，相信未来 ChatGPT 会越来越完善。

• 图 1-6 •

AIGC 内容创作的三个阶段：助手阶段、协作阶段、原创阶段

在 2021 年之前，AIGC 生成的主要是文字，只能作为一个创作的辅助。AIGC 开发新一代模型后，可以处理更多，包括文字、语音、图像、视频、代码等内容，可以在创意、表现力、迭代、传播、个性化等方面协助创作者。到了 2022 年 ChatGPT 的横空出世后，AIGC 更是开始高速发展，其中深度学习模型不断完善、开源模式的推动让 AIGC 直接在内容创作方面达到了自行原创的水平。

1. 助手阶段

在助手阶段，AIGC 是作为辅助去帮助人类进行内容生产的。早期的 AIGC 技术可以根据指定的模板或规则，进行简单的内容制作与输出，通过巧妙的规则设计来完成简单线条、文本和旋律的生成。但没有生产过程

没那么灵活，大多都是依赖于预先定义的统计模型或专家系统执行特定的任务，所生成的内容很容易空洞、刻板、文不对题等，如图 1-7 所示。

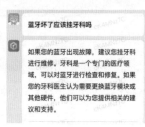

图 1-7

2. 协作阶段

在协作阶段，AIGC 可以与人类进行更加紧密的互动，共同完成内容的创作。通过人类的输入和 AIGC 的深度学习，AIGC 可以更加准确地理解人类的意图和需求，从而生成更加多样化、有趣、丰富和个性化的内容。AIGC 以虚实并存的虚拟人形态出现，形成人机共生的局面。这也是我们所说的"人机共存"。例如，在元宇宙中的虚拟人，如图 1-8 所示。一个虚拟人就能够独立完成从创作、生产内容到运营、商业化等各个环节，这是因为元宇宙中包含了很多用户创造的内容，这些内容将成为未来数字世界中非常重要的生产要素。

•图 1-8 •

3. 原创阶段

原创阶段则是 AIGC 未来的畅想，希望能够实现完全的原创。当然，在目前技术水平的基础上，这只是一个美好的愿景。为了能够实现这个愿景，AIGC 需要持续地发展和升级其核心技术，并丰富其产品类型。只有这样，AIGC 模态才能不再局限于文本、音频、视觉三种基本形态，并可以开发出更多方面、更多样化的创作，如嗅觉、触觉、味觉、情感等。只有这样，AIGC 的原创时代才有可能真正到来。当然，在 AIGC 的发展中，我们也要重视生成内容的质量，以使其更接近人类智力水平和审美标准。这意味着 AIGC 需要承担文责自负的责任，并提供产权保护和交易服务，以使其成为真正的助力而非阻碍。只有这样，AIGC 才能真正成为内容创作的领袖，为人类带来更多的想象力和创造力。

第四节

一个人成为一个工作室的路径探索

自媒体是一种自由、开放的媒体形式，它包括微信公众号、知乎、B站、抖音、快手等多种媒体平台，每个平台都有其自身的特点和适用场景。因此，为了成为一名高效的自媒体工作者，必须对不同平台的特点和使用方法有深入的了解，以便更好地选择适合自己的平台和创作方式。个人成为工作室的优势主要体现在两个方面。一方面，在自媒体平台上，个人可以自由地表达自己的想法和观点，扩大自己的影响力。另一方面，自媒体工作室的成本相对较低，无须大量的人力、物力和财力支持，只需一部手机和创作灵感就能开始创作和分享。

然而，成为一名自媒体工作者也面临着种种挑战，如内容质量不高、粉丝黏性不强、竞争激烈等，最大的挑战就是需要不断地提高自己的创作能力和专业素养，以吸引更多的读者和粉丝。此外，自媒体工作室还需要不断地产出有价值的内容，并建立起与读者和粉丝的互动和沟通机制，以维护良好的社会形象。针对这些挑战，AIGC 技术可以成为自媒体工作者的得力助手。

首先，AIGC 技术可以协助自媒体工作者进行文本分析、语音识别、图像识别等多项功能。例如，自媒体工作者可以使用 AIGC 技术对撰写的文章进行语法和语义分析，从而检查文本的质量和准确性。此外，AIGC 技术还可以将语音转换为文本，为自媒体工作者提供更加便捷的内容创作方式。同时，图像识别技术可以帮助自媒体工作者识别图片中的元素和特征，从而更好地进行图文搭配和设计。

其次，AIGC 技术还可以进行情感分析，帮助自媒体工作者更好地了解读者和粉丝的反应和情感。例如，自媒体工作者可以使用情感分析技术来了解读者对某一篇文章或某一主题的情感倾向，从而更好地调整自己的内容策略和营销手段。

最后，个人成为自媒体工作室已经成为一个新的趋势。随着 AIGC 技术的不断发展和应用，自媒体工作者将会越来越多地利用 AIGC 技术提高自己的创作和营销效果，在自媒体行业中，积极学习和应用 AIGC 技术成为越来越重要甚至必要的选择。

AIGC+：
100 倍速生产爆款内容的底层逻辑

AIGC 的应用方向:

从文字到虚拟人的跨界探索

用文字书写未来：10 秒写一篇小说

AIGC 可细分为文本生成、音频生成、图像生成、视频生成、跨模态生成等技术场景，可以应用到文案、营销、设计、行业研究等文化传媒领域。目前 AIGC 已经在文字、图像、视频等方面取得了一定的成果，尤其是文字领域，文本生成是 AIGC 被运用得最多的分支，也是最简单的一个分支，可以用 AIGC 生成一切有关文字文本的内容，如用 AIGC 生成小说、电影、电视、新闻、报纸等，而文本生成的 AI 软件有很多，如图 2-1 所示，不同的文本生成 AI 有各自不同的专长。

关于文本生成各式各样的花哨功能，普通群众更需要、也是未来可能运用最频繁的应该是文章生成，无论你是一个经验丰富的作家还是一个刚起步的新手，AIGC 10 秒就能帮你写出一篇小说。下面以网站秘塔写作猫（图 2-2）为例，来详细解析 AIGC 是如何在短短几秒生成一篇文章的。

· 图 2-1 ·

· 图 2-2 ·

　　写文章丝毫没有头绪，也不知道从哪里开始的时候就可以使用秘塔写作猫来帮助完成。打开秘塔写作猫，主页有"修建文档""AI写作""上传Word"三个建立文档编辑器的选项。如果本身没有内容的创作需求，单击前两者即可。单击"AI写作"会出现图 2-3 所示的页面，单击页面右上角"□"图标也可以随时调出模板列表，如图 2-4 所示。我们可以根据自己的需求和板块功能的提示，选择"全文写作""作文""小说""批量生成"等，如图 2-5 和图 2-6 所示。打开文档编辑器也就是空白的创作页面，便可以正式开始奇妙的 AI 文本创作之旅，一起来体会它的神奇吧！

· 图 2-3 ·

· 图 2-4 ·

· 图 2-5 ·　　　　　　· 图 2-6 ·

　　在写作之前，我们需要明确写什么，不需要具体的提纲，也不要太过复杂的主题列表，只要有个大概的思路就可以向 AI 提问。因为 AIGC 写作一般采取自上而下的方法，需要一些指导才能为我们提供有用的信息，所以需要我们对问题进行简单描述，让 AI 了解我们要写的主题是什么，它才可以帮助我们充实其余内容。

　　例如，要想写一篇名为"AIGC 会怎么改变生活"的文章，单击"AI 写作"的"全文写作"模块，如图 2-7 所示，在标题处输入想要创作的文章标题，选择文章长度、是否自动配图、摘要条数等参数，单击"下一步"按钮，几秒便可生成一篇符合要求的文章。

· 图 2-7 ·

如图 2-8 所示，给出标题后生成的界面会出现摘要条，此时可根据需求选择换一批或者自由编辑内容，这里需要设置一些重要的细节，因为它与文章的主要内容非常相关，也是确保文章内容是连贯和引人入胜的，所以摘要处需要细心调整，编辑完成后便可确认参数进行下一步的创作。

· 图 2-8 ·

AIGC+：
100 倍速生产爆款内容的底层逻辑

如图 2-9 所示，摘要的内容可以构建成大纲，可以根据需求选择大纲的条数，如果对大纲的内容不满意，可以单击"换一批"，也可以在此基础上，使用标识功能进行编辑、增删、重组大纲，大纲完善后单击"下一步"按钮，待图 2-10 中的进度条加载完成后，一篇名为"AIGC 会怎么改变生活"的文章便生成完毕，如图2-11 所示。

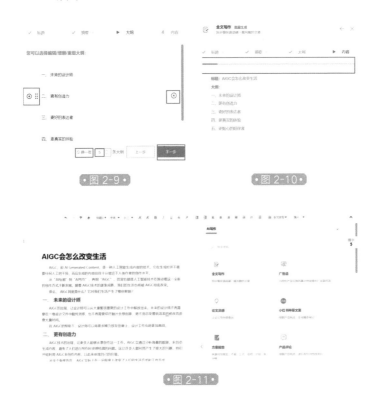

· 图 2-9 ·

· 图 2-10 ·

· 图 2-11 ·

所以，只需要选择合适的模板，根据提示按步骤完成对摘要和大纲的确认，就可以快速得到一篇完整的文章。同理，像论文、方案报告和作文等文章创作都是一样的思路。例如，需要广告语又没有好的创意，同样可以使用秘塔写作猫，在创作模板单击"广告语"，如图2-12所示，再根据提示选择长度便可生成需要的广告语。

·图2-12·

可以说，AIGC能够应对各种写作场景，它的出现不仅可以帮助不擅长写作的人创作出想要的内容，还可以帮助本身精通写作的人节约时间成本，大幅度提升创作效率。毫不夸张地说，AIGC正在成为写作行业的革命性工具，它可以快速生成适合其目标受众的网络文本，对所有文字工作者来说实在是省心省力，因为写作不必花时间从头开始构思内容，也不必花钱请作家来写，AIGC 几秒钟就能帮你生成想要的内容。

例如，房地产经纪人可以使用 ChatGPT 制作高度准确的房产描述，如 AI 讲房，如图 2-13 所示。

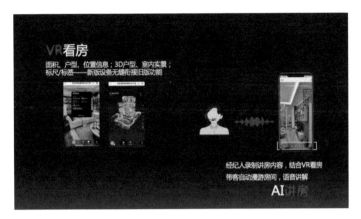

•图 2-13•

例如知名软件"贝壳找房"，以前线上找房只能看到关于房子的图片和文字描述，往往还需要"跑门店"才能了解更多信息。现在 AI 讲房可以自动生成精准的关于小区、周边、户型、房源的房产描述，并且一次性实现 100% 覆盖，但 AI 讲房目前针对的是二手房交易领域，租房因为交易频率太快而暂时无法实现。

要注意的是，创意写作与广告和技术写作相去甚远，AIGC 是生成营销内容、网络副本和技术文档的优秀工具，它可以接收一个提示，以无与伦比的速度、准确性和效率写出一篇充实的文章或描述。但它没有办法自己创作出新的内容，并且需要你给出方向、故事情节、人物等，要知道小说、传记和任何其他类型的创造性写作都需要人情味，这是目前 AI 尚未掌握的东西。

虽然有这么多的局限性，但是 ChatGPT 对想要创造吸引人的、独一无二的内容的作者还是很有帮助的。通过了解它的优势和劣势，你可以利用这个强大的工具，避免在创作过程中走太多弯路。

第二节

点亮画面新世界：一句话秒杀一个画家

　　AIGC 的图像功能相较于文字功能更加直观，以前，如果你不会绘画，又想定制一张图像，就需要花钱去找人定制，而现在有了 AI 艺术生成器，即使你从来没接触过画笔也可以成为艺术家！

　　只需一句话就可以生成你的第一幅人工智能绘画，而且可以免费尝试很多平台。如图 2-14 所示，众多 AI 绘画软件在操作上基本没有太大区别，更多的是投喂图片种类和数量差异导致的画风差异。

• 图 2-14 •

　　下面用热门 AI 绘画软件文心一格来具体实操一下。打开文心一格（图 2-15），任意单击右面的开始创作和笔状的图标，便可以开始创作。

•图 2-15•

　　如图 2-16 所示，在创作页面，只需要根据需求，在左侧的框中输入几个词（如躺在饼干上的猫），选择风格和比例后，单击生成，稍作等待，一幅 AI 画图就生成了。

•图 2-16•

AIGC+：
100 倍速生产爆款内容的底层逻辑

但有时候明明都是 AI 生成图，就是画不好看是怎么回事呢？其实 AI 绘画也是有讲究的，它主要靠关键词来产生画面，所以用词越精准，效果相对越好，简单的几个词很难产生特别好的话题。一个比较简单的公式：画风＋描述对象＋构图＋参考。

像文心一格是有画风选项的，有些没有选项的 AI 绘画软件就需要自己填写，画风可以填山水、水墨、手绘等，如果不设定画风效果就会偏向于写实。

描述对象是重点，也就是具体要画什么，这一部分需要一些想象力，可以尝试组合现实中无法关联的词，往往能带来意想不到的效果，如地球汽水，如图 2-17 所示。除了描述主体，还可以加入时间、季节、天气作为画面风格的补充。例如，在"躺在饼干上的猫"的前面加上前缀"下雨天"，变成"下雨天躺在饼干上的猫"，如图 2-18 所示，可见在主体或者其他描述对象前加入形容词，会让整个画面的氛围感更强。

构图可以理解为镜头和视角，如超广角、微距、远眺、俯瞰等，可以根据不同的场景去加，就像超广角适合描述战争大场景，而微距更体现主体的细节，远眺、俯瞰与远处的大长景很搭配，如图 2-19 所示。

•图 2-17•

•图 2-18•

（a）

（b）

（c）

•图 2-19•

AIGC+：
100 倍速生产爆款内容的底层逻辑

参考是指可以给 AI 提供一些可以从中模仿创作的参考，一般可以参考的类型有艺术家、网站和渲染器。

总之，使用这个"画风＋描述对象＋构图＋参考"公式，再随意搭配、灵活组合使用就可以轻松画出一张图，不过公式只是提供一个参考，由于 AI 绘画不可控的因素较多，简单的一两次创作很难做出想要的效果，最好还是多次尝试，无论是多用几次关键词，还是每次调整关键词都可以。虽然大部分作图软件都支持中英文关键词的输入，效果区别不是很大，但在一些专业术语上建议使用英文 AI 的识别会更加准确，如图 2-20 所示。更加简单的方法是，直接向 AIGC 表达你的需求，让 AI 软件来为你生成关键词。

视角	
A bird's-eye view,aerial view	鸟瞰图
Top view	顶视图
tilt-shift	倾斜移位
satellite view	卫星视图
Bottom view	底视图
front, side, rear view	前视图、侧视图、后视图
product view	产品视图
extreme closeup view	极端特写视图
look up	仰视
first-person view	第一人称视角
isometric view	等距视图
closeup view	特写视图
high angle view	高角度视图
microscopic view	微观
super side angle	超侧角
third-person perspective	第三人称视角

• 图 2-20 •

Midjourney 是一款 AI 制图工具，在作图方面天赋异禀，只需要在对话框中输入想要生成的图片的关键字，系统不到一分钟就能通过 AI 算法生成相对应的图片。例如，Mj（输入指令）兵马俑在网吧里玩反恐精英、网吧里有很多人、颜色丰富，就会分别出现如图 2-21 所示的画面。

•图 2-21•

　　Mj 月饼包装盒设计、亚运会元素、白色底，Mj 人工智能机器人、辅导孩子写作业、房间、课桌、真实的小女孩；Mj 月亮女神、在如梦如幻的空间里做祈祷；Mj 头脑即宇宙，会分别出现图 2-22 所示的画面。

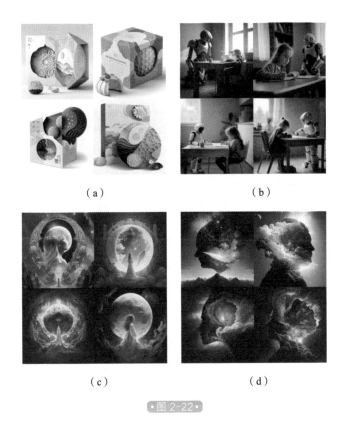

（a）   （b）

（c）   （d）

●图 2-22●

  向 GPT-4 灌输大量 Prompt（指令），聪明的
GPT-4 半小时左右就能学会使用 Midjourney。最初，
我们将 GPT 训练成了一位专业摄影师，它会很认真地
在每张照片的 Prompt 里都附上所用相机的型号、胶片
型号、镜头焦距、光圈等参数。与以前的 AI 绘画工具
不同的是，这些作品所有细节都来自 GPT 的创作，并

且用 Mj 的格式写好，直接复制粘贴到 Mj 里就能用。只需给它一句话，即可创作出 Prompt 中的所有细节描述，如图 2-23 所示。

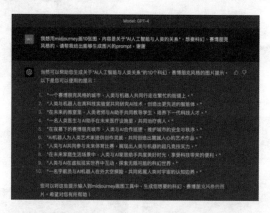

（a）

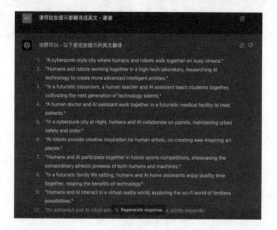

（b）

· 图 2-23 ·

只要将这些关键词直接复制粘贴到 Midjourney 里，就可以生成下面这些作品，使用更加专业的词汇生成的图片也更加精准，更符合预期，如图 2-24 所示。

（a）

（b）

•图 2-24•

例如，想要生成一张清明节主题的海报画，直接向 ChatGPT 提出设想，如图 2-25 所示。

（a）　　　　　　　　　　　（b）

• 图 2-25 •

用 ChatGPT 推荐的关键词生成图片，效果也不错，如图 2-26 所示。

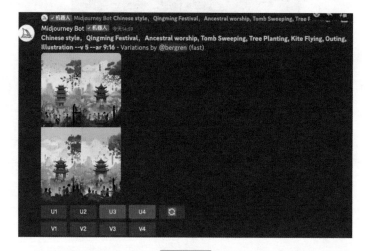

• 图 2-26 •

生成图片后只要再加个字体，一张漂亮的清明节画报图便产生了，如图 2-27 所示。

AIGC+：
100 倍速生产爆款内容的底层逻辑

此外，Midjourney 的 "/describe" 指令也能够直接反向生成 Prompt，只需要输入指令，然后把喜欢的图放进去，它就会根据画面反向推出 Prompt，用提示词生成的和原图相似度在 80% 以上。

总之，现在的 AI 绘画已经可以满足一般需求，用户可以利用 AI 绘画生成技术，绘制出任意想要的图片，如人物、动物、风景等，而且软件会自动标注出不同区域的颜色和风格。

在过去，由于人们缺乏专业知识和经验的积累，经常需要对图片进行后期处理来保证质量。但随着技术的发展，越来越多的图像都可以通过 AI 生成。例如刚刚提到的图像"生成器"，它就是利用图片处理技术生成的。

不过目前生成的图像质量参差不齐，有些 AI 生成的图像和真实拍摄的图片差距很大。

针对这一问题，研究者们提出了一种新的神经网络模式，以降低模拟结果与实际影像间的偏差。例如，"生成器"在生成了一幅画面后，会通过人们的评论来对画面的内容进行修改；"鉴别器"会在人们对一张照片发表意见之后，对照片的内容进行修改。这样，计算机就能更有效地产生高品质的图片，而且还能减少许多人为因素引起的误差。

另外一种比较常见的方法是利用数据驱动模型。例如我们在做设计时，会遇到很多图像数据，如拍摄的照片、视频和其他来源的图片等，传统的分析和处理数据的方法会耗费大量的人力成本，也不可能将所有数据都保存起来，而 AIGC 却可以快速处理大量数据并对其进行分析和处理。

在这些模型中有一个"过滤器"层，可以将一些图像的元素过滤掉（如一张照片）。这样用户就可以分析出那些带有元素特征的照片，再把这些照片与其他照片进行比较，从而找到一些具有相似特征的图片，这些图片就可以被用来合成新照片或者生成新的视频。

探索视觉创意新边界：视频剪辑提速 100 倍

在 AIGC 中，文字生成技术最为活跃，而在 AIGC 中使用最广泛的则是视频创作。AIGC 主要依靠机器学习来进行训练，它需要用到大量的数据来学习人类的技巧，但 AIGC 视频的制作门槛很低，不需要非常专业的内容生产者，只需要用浏览器、移动设备或任何其他非图形的应用软件来创建视频就可以了。

根据一些营销人员的说法，"如果内容是王道，那么视频就是王炸。"但如果没有工作室或专家团队来录制和剪辑视频，该怎么办？毕竟做一条视频需要搜集资料、写文案、拍摄、剪辑、配音、字幕、后期等工作，不过现在只需要学会与 AI 对话就能快速创作出高质量的视频。

提到视频生成就不得不提到 2022 年戛纳节最佳短片奖的视频，这个获奖证明了 AI 生成艺术在逐步被主流艺术所认可，AI 帮助人类进行创作显然已经成为一种潮流，未来 AI 生成视频也必然是短视频的大势所趋。

　　不过目前的 AI 还不能直接输出长片，也不能生成像 AI 绘画那样高质量的作品，但用 AIGC 来剪辑视频却非常方便，只需要提供文案就能秒出视频，视频剪辑提速 100 倍，效率非常高，像常用的剪映、快影、递剪软件现在都有这个功能。如剪映，单击主页的"图文成片"（图 2-28），提供标题和正文内容，单击生成视频（图 2-29），AI 便可以自动匹配素材（配图配音）一键生成视频（图 2-30），整个操作大大减少了人工劳动量。如果觉得视频原创度低，也可以自己提供资料来自定义素材。

· 图 2-28 ·

·图 2-29· 　　　　　　 ·图 2-30·

　　剪映的模型逻辑相对简单，另一款 AI 神器"Runway"已经可以做到非常高阶的程度。例如，将三次元人类转换为二次元形象，在不同的视频中进行次元跨越和风格转换。

　　（1）视频转视频，如图 2-31 所示。

（a） 　　　　　　　　　（b）

·图 2-31·

（2）同一视频程式化，如图2-32所示。

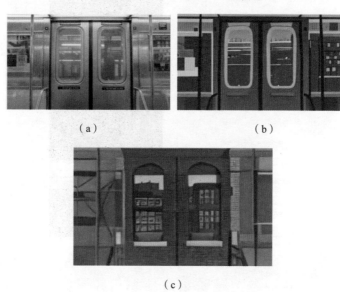

（a）   （b）

（c）

·图2-32·

（3）用视频参考画分镜，如图2-33所示。

（a）   （b）

·图2-33·

（4）遮罩和蒙版，如图 2-34 所示。

（a）

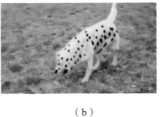
（b）

• 图 2-34 •

（5）根据参考渲染，如图 2-35 所示。

• 图 2-35 •

（6）定制风格画面，如图 2-36 所示。

• 图 2-36 •

但目前 AIGC 在视频创作方面主要还是生成式的，这种创作方式可以理解为人工智能自己拍电影。例如，在 AI 世界中，有一个叫作 Deepfake（深度伪造）的 AI 算法。它能给每一个视频添加一些不真实的内容（通常是伪造出来的），让它们看起来像是真实的。

当然，它也会自己拍一些不真实的内容（通常是伪造出来的），这种行为不仅会使内容产生质的变化，而且还会使其看上去非常真实。除此之外，还有一个 AI 生成电影算法（AI-Film）。该算法可以生成一部由人工智能完全控制的电影，它不仅有独特的创意风格，还可以根据观众的喜好来决定这部电影的好坏。

不得不承认 AIGC 正在悄悄改变短视频行业，只要学会使用 AI，几乎任何人都可以创作出高质量、专业水平的视频。你需要做的是给 AI 一个简单的指令，AI 就能利用各种现成的 AIGC 工具界面和大量免费材料库，在三分钟内给出一个简单的视频版本，甚至可以帮你写视频标题、内容介绍等，整个过程不到十分钟就可以完成。

AIGC 中的视频生成对于那些缺少编程知识又想要创作视频内容的人，或者对编程没有任何兴趣但需要专业指导的人来说，都是一大福音。例如，UpVideo 平台上提供了一个可用于生成短视频或小电影等艺术形式的 AI 合成模型，它可以将一些音乐素材、歌词、台词、特效等输入到模型中，通过"AI 合成"技术来生成一部短视频或小电影等艺术作品。

但是对于一些复杂题材和内容来说，生成式 AI 不一定是最优解。例如，电影《阿丽塔：战斗天使》中就有一段非常精彩和复杂的情节，在现实生活中是难以完成的。对于这种情况，就需要基于深度学习技术制作 AI 合成短视频，来生成该情节的内容。

虽然目前 AI 视频还不能直接输出长片，也不能生成像 AI 绘画那样高质量的作品，但让人工智能一帧一帧地对视频进行修改，会发生翻天覆地的变化。相信随着技术的不断发展，相关应用场景会有很大的想象空间，未来用 AI 做视频、影视设计、游戏、电商等可能都不再是梦想。

超越真实：以假乱真的虚拟人

伴随着互联网和大数据等技术的持续创新，全真互联时代逐步开启，具有交互能力的虚拟数字人在各行业中不断落地应用，为更多用户提供实体场景服务，同时在元宇宙时代背景之下，虚拟数字人正在成为各行业价值生产的主体。

虚拟数字人是运用数字技术创造出来的与人类形象接近的数字化人物形象。虚拟数字人视频，是基于计算机视觉和语音合成等技术，进行形象、声音、动作等模型训练后，通过在后台自由输入需求以此来生成"真人"讲解的短视频。

因此，通过构建虚拟员工、虚拟主持人等角色，能够为用户提供 7×24 小时的服务，不仅可以有效减少人工重复录制视频的工作量，还能够提高运营效率，大幅降低整体人力成本。从图 2-37 可以看出，200 平方米的直播间里竟然全是虚拟人主播。

•图 2-37•

  虚拟人的实现主要由建模、驱动、渲染、呈现与互动这 5 大环节组成。其中，建模、驱动、渲染环节主要依靠影视 CG、VFX 技术与游戏引擎来实现。

  首先，3D 建模是构建虚拟人形象的基础，基于虚拟形象和虚拟 IP 绘制原图，重点在于实现细节的精细还原，如图 2-38 所示。

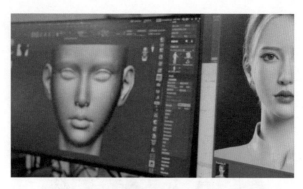

•图 2-38•

其次，通过将捕捉采集的动作迁移至虚拟人是目前
3D 虚拟人动作生成的主要方式，核心技术是动作捕捉；
利用动作捕捉设备或特定摄像头＋图像识别，捕捉在形体、
表情、眼神、手势等方面的关键点变化，如图 2-39 所示。

•图 2-39•

最后，渲染技术用于提升虚拟人的逼真程度，通过
真人演员的相应表演与虚拟人进行实时互动，实现实时

AIGC+：
100 倍速生产爆款内容的底层逻辑

渲染，如图 2-40 所示。按照 Unity 技术开放日发布的流程，Unity 在制作虚拟人时，首先要按照 FaceCode 标准对真人的极限表情进行扫描，然后要进行模型清理、BlendShape 拆分，并对细节、修贴图和血流图等进行修补，然后再进行 Rigiging（包括重定位等）和模型捕获（利用第三方提供的高精度结果来驱动模型或者真人驱动等），最后绘制完成，生成虚拟人。

•图 2-40•

在继电子计算机、数字计算机之后，未来网络是由"信息 – 网络 – 实体"三者结合构成的新一代信息基础设施，它以万物互联、人机交互、全光网、全业务为基础，并实现虚实相融。相信未来虚拟人将与数字人融合发展，与元宇宙等技术深度融合，并在未来网络中发挥不可替代的重要作用。

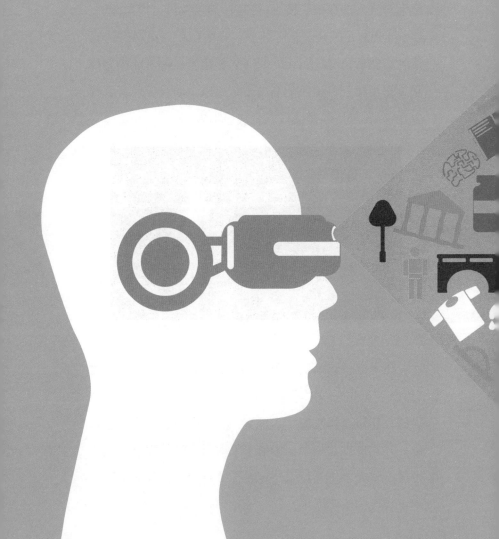

AIGC 魔盒：

AIGC 如何开启智能创作新时代

定位：如何用 AIGC 打造与众不同的人设

AIGC 在各个领域的广泛应用，让人们的生活变得更加便捷，同时也大大提升了工作效率。随着 AIGC 技术的不断发展，将会给互联网带来更大的影响，或许未来会改变整个互联网格局。

例如，在 2023 年 3 月，抖音平台上包含 ChatGPT 标签的视频播放量、虚拟数字人视频标签播放量、AI 视频的标签播放量均以亿计，妥妥的流量王，如图 3-1 所示。

#chatgpt	12.6 亿次播放	#AIGC	1.2 亿次播放
#chatgpt 应用领域	2.7 亿次播放	#aigc 行业	47.1w 次播放
#chatgpt 有多能聊	1.0 亿次播放	#aigc 概念	17.0w 次播放
#chatgpt4	5731.4w 次播放	#aigc 数字人	7.8w 次播放
#chatgpt 聊天	1137.8w 次播放	#aigc 应用	6.0w 次播放
#chatgpt 注册	430.8w 次播放	#aigc 技术	1.3w 次播放

• 图 3-1 •

在 OpenAI 发布了 GPT 的最新一代 ChatGPT-4 后的仅仅十几天，就达到了如此惊人的播放量，足以可见以 ChatGPT 为代表的 AIGC 正在成为各方追捧的宠儿，因此想要获得流量并实现变现，必须要加入 AI 赛道，将自己的账号人设定位成与 ChatGPT、AIGC 等相关的标签，那么一夜爆火不是梦，但其实爆火最简单的方式就是蹭一波热度。随着越来越多的人使用 AI 技术创作内容，相关的话题也是层出不穷，无论视频还是文章都会有话题度。利用这些话题可以让更多的人知道你，记住一点，蹭热度不是只为了蹭热度，而是要让更多的人关注你。

如今各大平台都在发力新媒体运营，包括抖音、小红书、知乎等。这些平台都有一个共同特点就是热点话题众多，因此利用这些话题可以更快地获得关注，但热点会过时，要想长期持续地保持热度就要持续制造话题。

要不断创造出高质量的内容，才能获取巨大的流量，因此光蹭热度是不够的，想要让用户记住你，就要简化用户的记忆负担，并在记忆的频率和强度上刺激用户，要么多发视频多刷脸，要么立人设贴标签。多发视频多刷脸这一点简单来说就是：专注于一个垂直领域进行内容输出。

如果账号定位是美食，就坚持发与美食相关的视频；如果定位是舞蹈，就坚持发与舞蹈相关的内容；如果定位是正能量语录，就坚持发正能量的语录；如果定位是穿搭，就坚持发穿搭的内容，内容越专业，越垂直，吸引到的粉丝也就越精准，转化率相对来说也会越高。让你的账户、人物、内容等信息简化成一个用户认可的标签，让用户一眼能识别出来。例如，你的账号是一个美食博主，就需要让用户通过你的标签一眼能识别出来你的博主身份，然后通过不断重复再重复去强化标签，这样就能被用户记住。当用户通过你的视频内容记住了你这个人和你的这个账号后，同类题材的视频换汤不换药地重复发，以此来吸引特定人群，这样，用户就会逐渐形成自己特定的人群标签。

　　而立人设贴标签需要你找到自身所具备传播并且符合目标定位的调性，简单来说就是你希望在用户心中树立什么形象，就设计相应的标签，如高颜值、时尚、才艺、专业、搞笑等。

　　好的人设可以迅速圈粉，所以你需要选择最突出、最能抓住用户的一点，让用户在心里形成对你的一个稳定形象，这样才能让用户自然持续地关注你。那么立人设如何与AIGC联系在一起呢？要知道，不是每个人都能够对自己有清晰的定位，而且有时候定位的标签不够吸引人，现在 AI 就能帮你实现这一点。

只要利用 AIGC 工具，就能快速帮你打造出与众不同的人设，如图 3-2 所示中的"AI 字幕"软件，不仅能提取视频内原字幕，翻译成新字幕并进行 AI 配音，还能批量加标签。

·图 3-2·

它可以将多个视频添加同一类型的标签，而且是批量操作的，非常方便。如图 3-3 所示，单击"加标签"选项，就显示所示的界面，然后将想要加标签的视频打开或者拖曳入选区即可。

• 图 3-3 •

如图 3-4 所示，单击"开始处理"就能够将一个还没有加标签的视频调入 AIGC 工具中，AI 就能够自动识别视频内容并且打出相关标签，当然也可以换成自己想要的标签，选择好后确认便可以完成作品的标签设定。

• 图 3-4 •

总之，不管什么样的人设，最终的目的是增加用户的辨识度，让用户记住你。另外需要注意的一点，在设置记忆点时，一定要记得把抖音人设的定位细分到具体的领域，能够真正去解决用户的需求和痛点，这才是抖

AIGC+：
100 倍速生产爆款内容的底层逻辑

音账号吸粉的最终秘诀。

　　例如，我们跟着热度在抖音上专门发一段有关AIGC 的视频，把账号定位为一名科普博主，如图 3-5所示，这名博主同样是精准定位，只发布与 AI 有关的内容，精准解决了想要了解 AI 的小伙伴的痛点。

•图 3-5•

　　短短一个多月，就收获 6.3 万点赞量和 1.2 万粉丝，每条视频播放量都在 500 万以上，一个每条视频播放量在 500 万以上的抖音账号，每个月接推广的流水收入至少是 4 000 元。以许右史等为例的一系列科普博主，短时间内获得了 400 多万的粉丝，如图 3-6 所示。

•图 3-6•

有些人觉得这不就是讲讲故事吗？这种科普类的博主很多啊，为什么他这么火？因为他除了定位精准以外，又在内容上做了创新，他在讲故事的时候把故事里的人物角色换成了"你"，一个小小的改变，不仅让观众有一种看小说的沉浸感，还能体验各种不同时代的人生。

如今这位博主一条广告的价格就达到了 99 000 元，如图 3-7 所示。但像这样的个人账号是可以模仿的，并且这种账号的养成也是可以复制的，通过批量生成视频与批量标签，精准定位后再大批量地复制，甚至可以形成内容矩阵。

口播新赛道 改变人称

达人服务报价

1-20s视频	¥ 80,000	⊕
21-60s视频	¥ 90,000	⊕
60s以上视频	¥ 99,000	⊕

● 图 3-7 ●

像"深度智能前线"这种专业写作有关 AI 的内容，需要更详细划分，更精准定位，如专门发布 AI 绘画内容的账号、专门发布 AI 写作的账号等，在 AIGC 的帮助下，一个人经营几十个账号也不是什么难事。

许右史这个账号用的是第二人称，那么在卖房子的时候，讲故事就要用可以让观众以第一视觉带入的语言，体验各个空间的舒适感。讲教育的博主可以说你是一个15岁的孩子，这样不仅能够让观众换位思考，而且代入感会让观众更容易接受。另外在定位上，要学会变通，不要一味地去迎合观众，要学会在定位上多与观众互动。

做爆款：如何用 AIGC 快速生成爆款内容

爆款是指非常受欢迎和关注的商品或内容，对于视频而言，爆款则是指被大量观众观看和追捧的内容，通常是流量重度倾斜的区域。在 AI 工具生成的内容中，如何识别爆款呢？我们需要找到能够判断作品流量的方法，来确定哪些作品具有高流量。这样，我们就能够更准确地选择和制作爆款视频，从而获得更多的观众和市场份额。

流量分配是中心化的，这意味着只要你是网站或软件的用户，发布的作品就会有一定的浏览量。但是，浏览量的多少取决于你的作品在流量池中的表现，也就是说，作品是否能够受到观众的喜爱和关注。网站或软件会根据不同的推荐算法机制，将表现好的作品推送给更多的人，从而获得更多的浏览量和曝光率。这种算法机制给了更多新手打造自己爆款内容的机会，只要你能够创造出有吸引力的内容，就有机会在流量池中脱颖而出，成为一个爆款作品。因此，对于制作视频的人而言，需要在内容创作上下足功夫，让作品具有足够的吸引力和话题性，从而获得更多的流量和粉丝。

很多人在运营自己的账号时，都希望依托于网站软件的算法机制来获得更多流量，但是，要想作品在流量池中获得足够的展示和曝光，需要具备一定的表现能力，来吸引观众的关注和喜爱。那么，如何评价一个作品在流量池中的表现呢？

一般网站软件都会参照播放率、点赞率、评论率、完播率和转发率这五个标准，听起来好像很复杂，实际上就是多发布不同类型的 AI 生成内容，观察哪个作品的播放率、点赞率、评论率、完播率和转发率数据更好。播放率是指作品在一段时间内被播放的次数，通常用于评估作品的受欢迎程度和流量；点赞率是指作品在一定时间内被点赞的比例，代表用户对于你的作品的认可和喜爱；评论率则是检验作品内容是否有跟用户的互动点，是衡量受众参与度的一种指标；完播率源自你的内容能否牢牢抓住用户；转发率是指用户在观看后愿意向外推荐、分享的欲望。其中最重要的就是播放率，高播放率的作品也更有爆火潜质，因此要不断尝试发布不同类型的作品，通过观察指标数据来判断哪些作品更受观众欢迎，从而更好地调整和优化作品，并提高作品的流量和曝光率，如图3-8所示。

• 图 3-8 •

如何获取播放率呢？这个操作并不难，最直接的方法是监控作品在某个时间段内的播放次数。具体来说，可以通过网站或软件提供的数据分析工具，查看作品的播放量和观看时长，以及观众的观看行为和互动数据等。此外，还可以利用社交媒体等渠道，将作品分享给更多的人，增加作品的曝光率和流量。通过不断地观察和分析作品在不同平台和渠道上的表现，以及观察指标数据和用户反馈等信息，可以更好地了解观众的需求和喜好，从而为制作更具吸引力和话题性的作品提供参考和指导。

所以，打造爆款内容一定要先学习好平台的算法机制，这样才能最大化保证视频的曝光。例如，创作短视频最重要的就是选题，这直接关系到短视频内容最终的关注度和播放效果，一个好的选题能直接对接一个优质的流量池，所以千万切记选题不要标新立异，要学会追逐流量，在当前热门话题的区域中寻找选题。

最近 AIGC 成了热门话题，我们可以使用人工智能生成一些极具反差和惊艳的图片，以吸引用户的注意力。

当前 AIGC 制作的内容在社交媒体上异常火爆，人们制作了许多戏剧性的图片，这些图片在现实世界中根本不存在，但却吸引了大量用户的关注。例如，最近流传的一些魔幻图片就在网上走红，受到无数人的转发。这种成功的做法可以轻易地复制到各种社交媒体平台上，如抖音、小红书、B 站、微博、微信公众号等，只要紧跟话题，制作出有趣的内容，就可以轻松赢得大众的关注。

并不是所有的热点都适合蹭，我们在蹭热度时也要根据自身的定位来选择合适的话题。同时，我们必须保证视频内容的质量，输出能给观众带来有用信息的内容，这样才能在蹭完一波热度之后巩固自己的账号形象。

下面分享一个蹭热点的技巧，只需向 ChatGPT 提问："当下最热门的创作灵感 + 平台"，就可以找到最新的热点话题。利用这种方法，可以轻松获取数百万的播放量和上万的粉丝增长，两天时间就可以轻松将自己的账号打造成一个热门账号。

如图 3-9 所示，ChatGPT 是一个拥有强大创作能力的 AI 工具，可帮助我们找到热度高的话题，从而创造出具有吸引力的内容。要想真正做出爆款内容需要满足用户的需求。因此，我们要精准把握用户的需求和痛点，创造出有价值且有趣味性的内容。此外，还需要善于运用 AIGC 技术，根据用户反馈调整和优化内容，让用户感觉到我们的作品是真正关注他们的需求和利益。这不仅可以提高用户满意度，也可以让我们的作品上升至热门话题，更好地吸引大量用户的关注和讨论。

当下最火的创作灵感，b站

UP主和虚拟主播领域。越来越多的UP主涌现出来，不仅有广受欢迎的游戏、动画、音乐等领域，还有一些不那么传统的方向，如美食、旅游、历史等。而虚拟主播作为一种新兴形式，也备受关注。他们通过人工智能技术和虚拟现实技术创作出的虚拟形象，成为了一种全新的形式，受到了越来越多年轻人的喜爱和追捧。

· 图 3-9 ·

推广：如何用 AIGC 为你的作品打标签

一款爆火的内容在发布后热度降低，要么没流量，要么就是流量上不去，遇到瓶颈期，这是怎么回事呢？是因为内容作品发布出去后还要有个推广的过程。所以只有一个爆款内容是不够的，想要持续爆火需要做推广，前提是要确保你要推广的内容质量是好的，如画面非常精致的视频、干货满满的资料等。

首先，优质的推广内容一定是具有好的标签，好的标签能提升用户浏览的兴趣，能够吸引第一波流量，如果用户都不喜欢看，爆款就无从谈起。所以作品标签一定要贴合内容本身且有创新性，这里的创新不是所谓的"标题党"，而是能够抓住文章核心，给标题"留悬念""抓痛点"，因此我们需要将要推广的优质内容用 AI 进行标签识别，如图 3-10 所示，在多重标签中选择合适的标签。

· 图 3-10 ·

　　其次，要知道推广作品的目的不仅要把作品推出去还要把自己的账号推出去，所以要在平台的活动中或者平台运营的其他方面多露脸，让用户记住你。多平台推送不需要一个个打开软件编辑内容，可以用 AIGC 软件工具进行多平台推送，只需要做好一份内容，在其他平台进行发布即可，如图 3-11 所示。这款软件无须授权就能够一键复制全网宝贝到淘宝、淘特等店铺，批量管理宝贝。

· 图 3-11 ·

总之，在 AIGC 的帮助下，根据自己的人设精准定位账号，生成制作高质量的视频内容，贴上好的标签，打造爆款内容不再难，如图 3-12 所示。

· 图 3-12 ·

有没有什么好用的推广软件呢？实际上类似的软件很多，如 Notion AI 软件，就可以轻松帮你安排日常任务，自动帮你营销内容，如图 3-13 ~ 图 3-15 所示。

·图 3-13·

·图 3-14·

AIGC+:
100 倍速生产爆款内容的底层逻辑

• 图 3-15 •

　　以前很多小商户、小企业因为资金问题，做不到全方面覆盖性推广，一般需要先做市场调研，精准定位产品方向，制定市场定位策略，基本上都是在一条渠道发展，而现在只要一个 AIGC 软件，轻轻松松解放双手，它会根据你的内容自动生成标签，精准定位，批量复制，多平台全方位覆盖，营销简单百倍不止，一个人轻松完成以往数十人的工作量，一个人成为一个优秀运营推广工作室。

　　现在很多淘宝电商的商品标题，全部都是由 AI 生成，如出售一件红色长款连衣裙，不知道怎么取标题，直接用 AIGC 一键识别精准定位商品标签，再编辑好日程后让 Notion AI 帮你自动营销。

通常情况下，如果你是一个新人，平台还会给你免费的流量，在各渠道进行覆盖推广。在这种情况下，你可以想一想，一个什么都不懂的小白电商和一个利用 AIGC 写出爆款标题、识别出最合适的标签商家，哪个更受买家青睐呢？

首先，我们需要选择想要经营的商品。如图 3-16 所示，我们选择了一件泰式校服。先向 AI 提问："帮我生成一个爆款泰式校服的标题标签"，在 AI 的回答中选取其中一个，我们就拥有了商品的标题标签，省去了手动填写的麻烦。接下来，需要打开"癞蛤蟆工具箱"接入各个商店平台，选择对应的复制渠道与复制方式，采集要上传的宝贝链接信息。

弹力吊带连衣裙

¥**54.78** 1000+人收货

包邮

• 图 3-16 •

AIGC+：
100 倍速生产爆款内容的底层逻辑

然后，对上传的宝贝的价格、标题、类目、运费模板进行修改，并自定义属性等，再设置主图、sku、详情图片水印等，就可以上传宝贝了，如图 3-17～图 3-19 所示。

最后，对已采集好的宝贝进行上传，可以选择发布平台，一键上传宝贝到不同的平台上，将商品推广到更多的人群中，提高商品的曝光率和销量，简简单单的操作就能把商品推上热门，店铺销量也蹭蹭上涨，轻轻松松实现月入过万元！

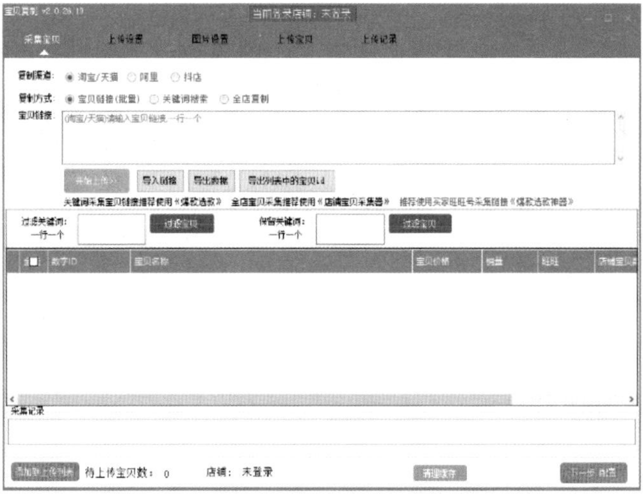

•图 3-17•

• 图 3-18 •

• 图 3-19 •

运营：如何用 AIGC 引领后期制作新变革

ChatGPT 正在改变短视频的后期制作业务，其流程将因生成式 AI 发生颠覆性变革。如今的视频后期制作已经不再是一项简单的剪辑与调整工作，它所需要的技术与程序也越来越复杂。这时的 AIGC 技术就是一种非常有效的解决方案，可以在视频后期制作方面起到至关重要的作用。

AIGC 技术的应用为视频制作带来了很多便利。首先，AIGC 可以实现自动将视频转换成文字，从而节省了大量的时间和人力成本。利用 AIGC 语音转文字技术，可以快速将视频中的关键词和对话转换成文本，为后期制作提供了很多帮助。同时，AIGC 还可以自动识别和分类素材，使用 AIGC 目标检测技术可以准确地识别出影像中的物品和人物，使后期制作更加高效和精准。

此外，AIGC 技术还可以根据特定的场景和情境进行分类，从而更加快速准确地获取对应素材。从素材提取到剪辑，AIGC技术都能轻松应对，并且在视频后期制作的每个步骤中都能用到AIGC工具。总之，AIGC技术的广泛应用使得视频制作变得更加高效和便捷。

例如，AIGC可以进行视频超分辨率处理（图3-20），相比于传统的超分辨率处理方法往往需要进行大量的计算，耗时较长，但利用AIGC技术可以大大减少计算时间，提高超分辨率处理的速度。

•图3-20•

AIGC还可以进行视频编辑和特效制作，能够更加准确地提取短视频中的人物、场景等元素，并进行深度学习的处理，从而快速制作出高质量的短视频特效，如图3-21所示。

·图 3-21·

　　AIGC 技术可以进行用户行为分析，提高短视频运营的效率。例如，当用户发布视频到抖音上时，可以通过 AIGC 进行数据分析，得到更准确的用户画像和完播率等信息，以更好地了解用户的需求和喜好，如图 3-22 所示。同时，AIGC 技术还可以针对性地制作高质量的短视频内容，增加用户黏性，提高运营效率。总之，AIGC 技术在短视频的运营中扮演着重要的角色，可以为用户提供更好的体验和服务。

　　通过 AIGC 图像识别技术，我们可以快速确立影像的合成，并将重点和需要修复的部分隔离，自动剪辑出高质量的视频，吸引更多观众和用户，提高视频制作的质量和效率，如图 3-23 所示。此外，在 AIGC 生成技术的帮助下，AI可以自动创作出有趣的内容和文案，并提供关键词，从而吸引更多人的关注。总之，AIGC技术为视频后期制作带来了非常多的好处，它可以帮助我们完成更高效和精准的制作流程，提高制作质量和效率，也为视频制作人员提供了更多的创意和创新。

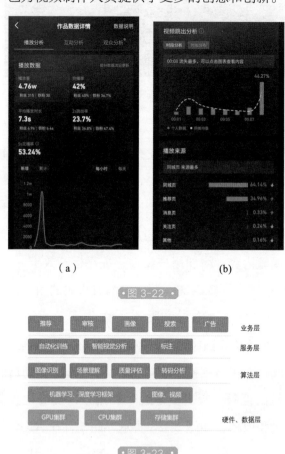

（a）　　　　　　　　　　（b）

· 图 3-22 ·

· 图 3-23 ·

AIGC+：
100 倍速生产爆款内容的底层逻辑

除此之外，AIGC 可以代替 HR 对员工进行面试。如图 3-24 所示，这是一个 AI 在测试一个求职者是否合适新媒体运营职位的面试场景。

•图 3-24•

　　面试流程先由面试者与 AI 进行交流，AI 完成专业方面的考察，公司审视后再决定是否进行线上面试或录用。在对话中，AI 表现流畅且专业，甚至比专业的 HR 更专业，对于细节方面也能准确把握。这在处理大量求职者时效率更高，这种方式让人十分震撼。这是人工智能时代，如果不想被淘汰，就必须学会如何利用人工智能，因此自媒体人也必须学会将 AI 与创作结合起来，提升工作效率。需要注意的是，这种 AI 的水平足以通过图灵测试。

第五节

模板：如何用 AIGC 打造从标题到结尾的保姆式教学

在写作和制作视频时，我们常常会遇到一些难题，例如不知道如何取标题、如何写开头和结尾等。尽管现在 AI 可以帮我们解决这些问题，但有些人使用 AI 生成的内容效果很好，而有些人却总是无法达到预期结果。原因在于 AI 需要一定的提示词才能生成好的内容。因此，接下来我们将详细解析从标题到结尾如何拆分，如何给 AI 提供准确的提示词，以便生成高质量的内容。

1. 标题模板

（1）疑问法。

疑问法标题的特点是通过提出一个问题，引起读者的好奇心和兴趣，从而吸引他们阅读你的内容产品。疑问法标题通常会使用"为什么""如何""是否"等疑问词语来引起读者的兴趣。

疑问法标题的模板包括：

① 为什么……，如"为什么总有人会迟到？"

② 如何……，如"如何提高英语口语水平？"

③ 是否……，如"是否应该给孩子报补习班？"

④ 什么是……，如"什么是人工智能？"

⑤ 有哪些……，如"有哪些快速减肥的方法？"

⑥ 你知道……吗？如"你知道如何应对职场压力吗？"

⑦ 什么时候……，如"什么时候是最佳旅游季节？"

疑问法标题能够引起读者的好奇心和兴趣，让他们在了解更多关于问题的答案的同时，也能够更好地理解和掌握某种知识，从而提高他们的认知水平。例如，想做一个美妆类的视频，取标题就可以运用疑问法，可以直接向 AI 提问：用疑问法取几个美妆视频标题，如图 3-25 所示。

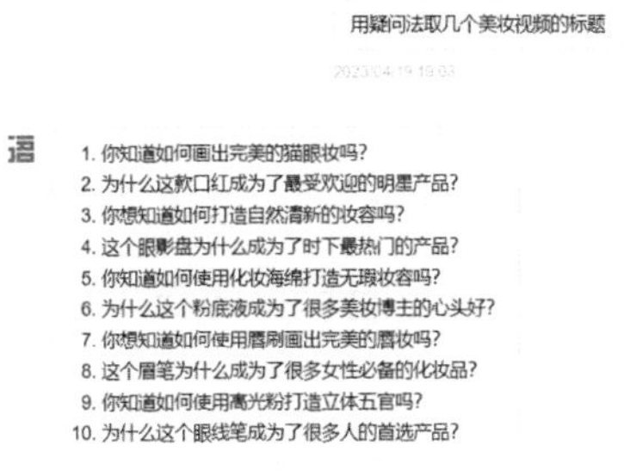

用疑问法取几个美妆视频的标题

1. 你知道如何画出完美的猫眼妆吗？
2. 为什么这款口红成为了最受欢迎的明星产品？
3. 你知道如何打造自然清新的妆容吗？
4. 这个眼影盘为什么成为了时下最热门的产品？
5. 你知道如何使用化妆海绵打造无瑕妆容吗？
6. 为什么这个粉底液成为了很多美妆博主的心头好？
7. 你想知道如何使用鼻刷画出完美的鼻妆吗？
8. 这个眉笔为什么成为了很多女性必备的化妆品？
9. 你知道如何使用高光粉打造立体五官吗？
10. 为什么这个眼线笔成为了很多人的首选产品？

图 3-25

（2）数字法。

数字法标题的特点是使用数字来突出标题的重点并吸引读者的注意力。数字可以表示数量、时间、步骤、排名等，使标题更加具体、清晰、有说服力。

数字法标题的模板包括：

① 数字＋关键词，如"10个最佳旅游目的地""5种健康的早餐食谱"等。

② 数字＋问题，如"你需要学习编程的5个理由""如何提高你的写作技巧：7个实用建议"等。

③ 数字＋行动动词，如"10个简单的方法让你更加自信""5个步骤教你学习一门新技能"等。

④ 数字＋结果，如"7个习惯让你更加高效""3个技巧让你的演讲更加生动"等。

⑤ 数字＋比较，如"10个最受欢迎的手机品牌对比""5个最好的电影与小说的对比"等。

数字法标题可以帮助作者更好地组织文章内容，让读者更容易理解和接受，如图3-26所示。

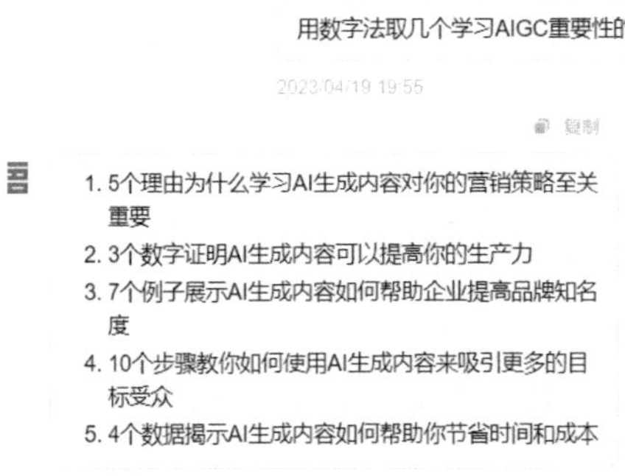
用数字法取几个学习AIGC重要性的标题
2023/04/19 19:55
复制
1. 5个理由为什么学习AI生成内容对你的营销策略至关重要
2. 3个数字证明AI生成内容可以提高你的生产力
3. 7个例子展示AI生成内容如何帮助企业提高品牌知名度
4. 10个步骤教你如何使用AI生成内容来吸引更多的目标受众
5. 4个数据揭示AI生成内容如何帮助你节省时间和成本

• 图 3-26 •

（3）热词法。

热词法标题的特点是使用当前的热门话题、事件、人物等作为标题的关键词，以吸引读者的注意力和兴趣。热词法标题通常会涉及当前的社会热点、娱乐八卦、科技前沿等方面的内容。

热词法标题的模板包括：

① 事件 + 关键词，如“某个事件背后的真相”“某个事件的最新进展”等。

② 人物 + 关键词，如“某个名人成功背后的故事秘诀”。

③ 热点话题 + 关键词，如“某个热点话题的全面解读”“某个热点话题的影响与启示”等。

④ 科技前沿 + 关键词，如“某个科技产品的突破

与应用、未来的发展趋势"等。

使用热词法标题可以提高文章的点击率和阅读量，但热词法标题的时效性较强，一段时间后可能就不再具有吸引力，因此需要及时更新和调整。

（4）俗语法。

俗语法标题的特点是使用常见的俗语、谚语、成语等作为标题的关键词，以表达文章的主旨和观点。俗语法标题通常会涉及人生哲理、情感体验、社会现象等方面的内容，具有深刻的内涵和启示。

俗语法标题的模板包括：

① 成语 + 关键词，如"一鸣惊人的背后故事""一步登天的秘诀"等。

② 谚语 + 关键词，如"吃一堑长一智的人生经验""不打不成器的成长历程"等。

③ 俗语 + 关键词，如"人心不足蛇吞象的危险""一失足成千古恨的教训"等。

④ 名言 + 关键词，如"成功的秘诀在于不断尝试""失败是成功之母的真谛"等。

使用俗语法标题可以表达深刻的思想和观点，引起读者的情感共鸣，但俗语法标题的语言表达需要简练、精准，避免过于陈旧和老套，同时标题与文章内容要契合，避免出现标题党和误导读者的情况。例如，用 AIGC 的重要性和俗语法结合来举例子，如图 3-27 所示。

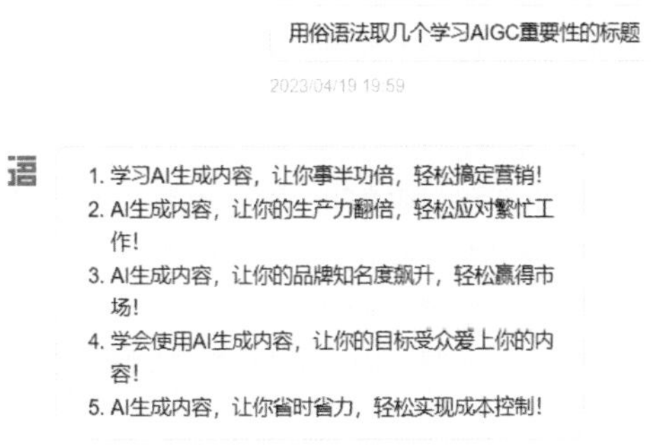

用俗语法取几个学习AIGC重要性的标题

2023/04/19 19:59

语
1. 学习AI生成内容，让你事半功倍，轻松搞定营销！
2. AI生成内容，让你的生产力翻倍，轻松应对繁忙工作！
3. AI生成内容，让你的品牌知名度飙升，轻松赢得市场！
4. 学会使用AI生成内容，让你的目标受众爱上你的内容！
5. AI生成内容，让你省时省力，轻松实现成本控制！

• 图 3-27 •

（5）设问法。

设问法标题的特点是使用疑问句作为标题的关键词，以引发读者的好奇心和思考。设问法标题通常会涉及问题解决、知识探究、思考启示等方面的内容，具有引人入胜的效果。

设问法标题的模板包括：

① 问题 + 关键词，如"一个问题的解决思路、根源"。

② 知识 + 关键词，如"关于某个知识点的全面解析""某个产品的使用介绍"等。

③ 思考 + 关键词，如"对某个问题的思考和启

示""对某事件的深层次思考"等。

④ 比较 + 关键词,如"某个产品的优缺点比较""某些方案的优劣对比"等。

使用设问法标题可以提高文章的阅读价值和深度,但设问法标题需要具有针对性和实用性,避免泛泛而谈,提出无关紧要的问题。设问法很适合用来接广告变现,如防晒霜的广告,可以更好地输出产品信息,如图 3-28所示。

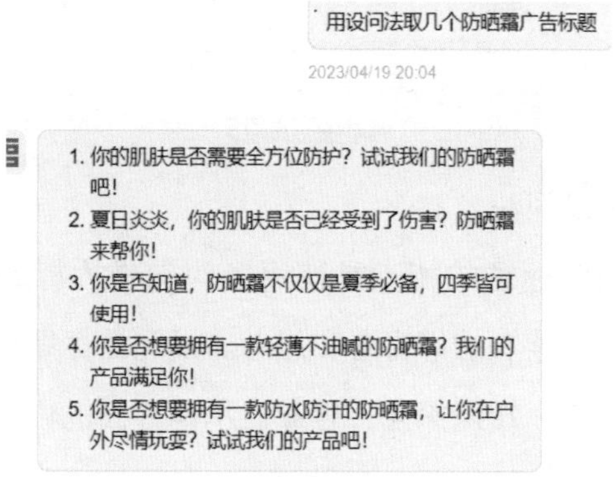

用设问法取几个防晒霜广告标题

2023/04/19 20:04

1. 你的肌肤是否需要全方位防护? 试试我们的防晒霜吧!

2. 夏日炎炎, 你的肌肤是否已经受到了伤害? 防晒霜来帮你!

3. 你是否知道, 防晒霜不仅仅是夏季必备, 四季皆可使用!

4. 你是否想要拥有一款轻薄不油腻的防晒霜? 我们的产品满足你!

5. 你是否想要拥有一款防水防汗的防晒霜, 让你在户外尽情玩耍? 试试我们的产品吧!

• 图 3-28 •

（6）电影台词法。

电影台词法标题的特点在于使用电影中的经典台词作为关键词,以表达文章的主题和情感,并且具有强烈的感染力和情感共鸣。这种方式可以使文章更生动、有趣，更有吸引力和影响力。

电影台词法标题的模板包括：

①台词＋关键词，如"人生就像一盒巧克力，你永远不知道下一颗是什么味道""生命中最重要的事情是什么？是你爱谁，以及谁爱你"等。

②影评＋台词，如"《肖申克的救赎》中的经典台词""《阿甘正传》中的感人台词"等。

③台词＋问题，如"对于《三傻大闹宝莱坞》中的台词，你有何感悟？""《泰坦尼克号》中的经典台词，你最喜欢哪一句？"等。

④台词＋故事，如"《当幸福来敲门》中的台词，让我们看到了什么样的故事？""《霸王别姬》中的经典台词，让我们感受到了怎样的情感？"等。

使用电影台词法标题能够传达深刻的情感和思想，激发读者的共情和思考。但电影台词要具有代表性和普遍性，避免过度个人化和狭隘化。

（7）好奇法。

好奇法标题的特点是使用引人好奇的词语或表达方式作为标题的关键词，以激发读者的好奇心和求知欲。好奇法标题通常会涉及未知领域、新奇事物、独特经验等方面的内容，具有强烈的吸引力和探究欲。

好奇法标题的模板包括：

① 未知＋关键词，如"未知的世界，你想知道……？""未知的领域，你想探索……？"等。

② 神秘＋关键词，如"你好奇……神秘的事物吗""神秘的经验，你是否想了解……？"等。

③ 探索＋关键词，如"你是否有兴趣探索……新领域？"。

④ 发现＋关键词，如"发现……新世界，你是否期待？""发现……新事物，你是否惊喜？"等。

使用好奇法标题可以激发读者的好奇心和求知欲，提高文章的阅读率和分享度，但好奇法标题需要具有真实性和可信度，避免过于夸张和虚假宣传，很多科普类的内容就可以使用这个标题模板，如动物科普，如图3-29 所示。

用好奇法取几个动物世界的标题
2023/04/20 05:14

1. 你知道吗？这种动物竟然可以在水下呼吸！
2. 你见过这种动物吗？它的身体可以自我修复！
3. 你知道吗？这种动物的智商竟然可以媲美小学生！
4. 你见过这种动物吗？它的速度可以达到每小时100公里！
5. 你知道吗？这种动物的视力可以比人类更加敏锐！

· 图 3-29 ·

（8）对比法。

对比法标题的特点是通过对比两个或多个事物，突出它们之间的差异或相似之处，从而吸引读者的注意力。对比法标题通常会使用"VS""比较""对比"等词语。

对比法标题的模板包括：

① A VS B，如"苹果 VS 安卓，哪个更好用？"

② A 和 B 的区别，如"男人和女人的思维方式有什么不同？"

③ A 和 B 的相似之处，如"狗和狼的相似之处有哪些？"

④ A 和 B 的优缺点，如"电子书和纸质书的优缺点对比"。

⑤ A 和 B 的对比评测，如"四门轿车对比：奥迪A6 VS 宝马 5 系"。

⑥ A 和 B 的历史发展，如"中国和美国的历史发展对比"。

⑦ A 和 B 的文化差异，如"中西方文化差异对比"。

对比式标题能让读者了解更多关于两个或多个事物之间的差异或相似之处，同时，对比式标题也能够让读者更好地理解和比较不同的事物。

2. 开头模板

（1）问句式。

问句式的开头特点是使用疑问句作为文章的开头，以引起读者的兴趣和思考。问句式的开头通常会涉及读者关心的问题、社会热点、个人经验等方面的内容，具有强烈的引导性和互动性。

问句式的开头模板包括：

① 你是否……，如"你是否感到过孤独？""你是否想过人生的意义是什么？"等。

② 为什么……，如"为什么有些人总是感到焦虑？""为什么他可以成功？"等。

③ 是否……，如"是否有一种方法可以让你更快乐？""是否有一种方法可以让你更健康？"等。

④ 怎样……，如"怎样才能更好地管理时间？""怎样才能更好地处理人际关系？"等。

使用问句式的开头更容易与读者互动，但问句式的开头需要具有针对性和引导性。例如，制作一个有关职场关系的短视频开头，就可以运用这个模板，如图3-30所示。

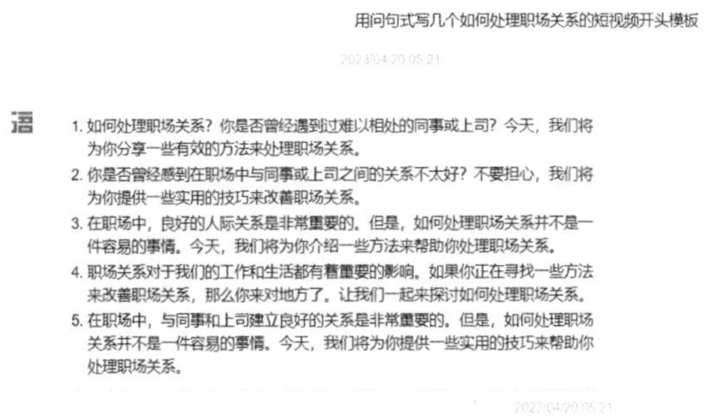

用问句式写几个如何处理职场关系的短视频开头模板

2023-04-29 05:21

语

1. 如何处理职场关系？你是否曾经遇到过难以相处的同事或上司？今天，我们将为你分享一些有效的方法来处理职场关系。

2. 你是否曾经感到在职场中与同事或上司之间的关系不太好？不要担心，我们将为你提供一些实用的技巧来改善职场关系。

3. 在职场中，良好的人际关系是非常重要的。但是，如何处理职场关系并不是一件容易的事情。今天，我们将为你介绍一些方法来帮助你处理职场关系。

4. 职场关系对于我们的工作和生活都有着重要的影响。如果你正在寻找一些方法来改善职场关系，那么你来对地方了。让我们一起来探讨如何改善职场关系。

5. 在职场中，与同事和上司建立良好的关系是非常重要的。但是，如何处理职场关系并不是一件容易的事情。今天，我们将为你提供一些实用的技巧来帮助你处理职场关系。

2023-04-29 05:21

• 图 3-30 •

（2）点名式。

点名式的开头特点是使用具体的人物或事物作为文章的开头，点名式的开头通常会涉及知名人物、热门事件、流行文化等方面的内容，具有强烈的吸引力和话题性。

点名式的开头模板包括：

① ×× 说过……，如"马云曾经说过，失败是成功之母。"

② ×× 事件引起了……，如"最近，一起校园霸凌事件引起了社会的广泛关注。"

③ ×× 成了……，如《流浪地球》成了中国电影市场的一匹黑马。"

④ ××现象引发了……，如"素颜经济现象引发了年轻女性的自信和美丽追求。"

使用点名式的开头要注意点名的人物需要具有代表性和权威性，如图 3-31 所示。

用点名式写几个学会AIGC才有未来的开头模板，从外国的名人名言出发
2023/04/28 08:02

1. "AI is the new electricity."——Andrew Ng
学会AIGC已经成为了未来成功的必备条件。正如Andrew Ng所说，AI就像电力一样，将会渗透到我们生活的方方面面，成为未来的基础设施和核心竞争力。

2. "Artificial intelligence would be the ultimate version of Google. The ultimate search engine that would understand everything on the web."——Larry Page
学会AIGC是掌握未来搜索引擎的必要条件。正如Larry Page所说，AI将会成为未来搜索引擎的终极版本，能够理解网络上的一切信息，为人类提供更加智能化的服务。

3. "The development of full artificial intelligence could spell the end of the human race."——Stephen Hawking
学会AIGC不仅是未来成功的必备条件，更是我们必须面对的挑战。正如Stephen Hawking所说，全面发展人工智能可能会威胁到人类的生存，我们必须掌握这项技术，才能更好于地应对挑战。

4. "AI is not a threat to humanity. It is an extension of our own

• 图 3-31 •

（3）自我剖析式。

自我剖析式的开头特点是使用个人经历或感悟作为文章的开头，以展示作者的思考和情感。自我剖析式的开头通常会涉及个人成长、人生经历、情感体验等方面的内容，具有强烈的个人色彩和感染力。

自我剖析式的开头模板包括：

① 我曾经……，如"我曾经是一个内向而自卑的人，但是经过努力，我变得如何自信和开朗。"

② 我发现……，如"我发现，每个人都有自己的价值和意义，我们应该尊重和包容彼此。"

③ 我体验到了……，如"我体验到了失恋的痛苦和绝望，但是我也学会了坚强和成长。"

④ 我认为……，如"我认为，人生最重要的是追求自己的梦想和价值，而不是被他人的期待和评价所束缚。"

使用自我剖析式的开头可以展示作者的思考和情感，增强读者的共鸣和认同感，但要有真实性和可信度，避免过度夸张和个人化，如图 3-32 所示。

用自我剖析式写几个关于因开始学习AIGC收入突然翻十倍的开头模板

1. 从前，我是一名普通的程序员，每个月的收入都很有限。但是，当我开始学习AIGC，我发现自己的技能得到了极大的提升，我的收入也随之翻了十倍。
2. 我曾经是一名普通的市场营销人员，每个月的收入都有限。但是，当我开始学习AIGC，我掌握更多的市场分析和营销策略，我的收入也随之翻了十倍。
3. 从前，我是一名普通的数据分析师，每个月的收入都很有限。但是，当我开始学习AIGC，我学会了更多的数据挖掘和机器学习技术，我的收入也随之翻了十倍。
4. 我曾经是一名普通的设计师，每个月的收入都很有限。但是，当我开始学习AIGC，我掌握了更多的人工智能设计技术，我的收入也随之翻了十倍。
5. 从前，我是一名普通的教育工作者，每个月的收入都很有限。但是，当我开始学习AIGC，我学会了更多的教育技术和人工智能教育应用，我的收入也随之翻了十倍。

• 图 3-32 •

（4）名句式。

名句式的开头特点是使用名人名言、经典诗句或文学名句作为文章的开头，以展示作者的文学素养和思想深度。名句式的开头通常会涉及人生哲理、文化传承、情感体验等方面的内容,具有强烈的文化内涵和思想性。

名句式的开头模板包括:

① "人生自古谁无死,留取丹心照汗青。"——文天祥

② "读书破万卷,下笔如有神。"——杜甫

③ "天行健,君子以自强不息;地势坤,君子以厚德载物。"——《易经》

④ "生活不止眼前的苟且,还有诗和远方的田野。"——徐志摩

使用名句式的开头可以增强读者的认同感和共鸣感。但名句式的开头需要与文章内容相呼应,避免文不对题和内容空洞。同时,需要注意开头的语言表达和语境适应度,尽量避免使用生硬和不自然的表达方式,可以参考图 3-33。

用名句式写几个关于喝茶重要性的开头模板,从名人名言出发

2023/04/20 05:40

> 1. "如同喝茶一样,生活也需要一些苦涩的味道来调和甜蜜。"—— 陶渊明
> 2. "喝茶可以使人心静,思维清晰,是一种修身养性的好方法。"—— 陆羽
> 3. "茶是一种生活的艺术,喝茶可以使人更加懂得生活的美好。"—— 鲁迅
> 4. "喝茶可以使人心平气和,保持内心的平静,是一种修身养性的好习惯。"—— 茅盾
> 5. "喝茶可以使人更加深入地思考问题,提高思维能力,是一种智慧的体现。"—— 陆游

2023/04/20 05:40

· 图 3-33 ·

（5）用户留言式。

用户留言式的开头特点是使用读者的留言或问题作为文章的开头，以回应读者的关注和需求。用户留言式的开头通常会涉及读者比较关心的问题、疑惑或建议等方面的内容，具有强烈的互动性和实用性。

用户留言式的开头模板包括：

①"最近收到了读者的留言，他问……"

②"有位读者在评论区提出了一个问题，我觉得很有意思，于是就写了这篇文章。"

③"之前写的一篇文章引起了很多读者的关注和反响，他们留言提出了一些问题和建议，我在这里做出回应。"

④"在我的微信公众号上，有位读者留言问我……"

使用用户留言式的开头不但可以很好地回应读者的关注和需求，还能增强读者的参与感和信任感。用户留言式的开头需要与读者的留言或问题相呼应，要注意语言的表达方式、个人的态度与亲和度。

（6）时事热点式。

时事热点式的开头特点是使用当前社会热点事件或话题作为文章的开头，以引起读者的兴趣和关注。时事热点式的开头通常会涉及政治、经济、文化、社会等方面的内容，具有强烈的时效性和实用性。

时事热点式的开头模板包括：

① "最近，某事件引起了社会的广泛关注，这件事情让我思考……"

② "近日，某政策的出台引起了各界的热议，我也想谈一谈我的看法。"

③ "最近，某明星的一些言论引起了争议，我觉得有必要发表一下自己的看法。"

④ "最近，某行业的发展趋势引起了我的关注，我想分享一下我的观察和思考。"

当使用时事热点作为开头时，我们需要注意表达方式和态度的客观性，避免出现过于主观和偏颇的情况。

3. 结构模板

（1）1个观点 + N 个事例。

1个观点 + N 个事例的结构是先提出一个观点，再列举多个相关的事例或案例来支持和证明这个观点，这种结构可以增强文章的说服力和可信度。

1个观点 + N 个事例的结构模板包括：

① 引言：引出文章的主题和观点。

② 观点：明确提出文章的观点或论点。

③ 事例1：列举第1个相关的事例，并详细阐述其

相关性。

④ 事例 2：列举第 2 个相关的事例，并详细阐述其相关性。

⑤ 事例 3：列举第 3 个相关的事例，并详细阐述其相关性。

⑥ ……

⑦ 总结：总结文章的观点和事例，并强调其重要性和可信度。

这种结构可以让文章更加有说服力和可信度，让读者更加深入地理解和接受作者的观点，但事例的选择和阐述需要与观点相呼应，同时注意事例的数量和分布，避免过于单一和重复。

（2）总论点 + 分论点。

总论点 + 分论点的结构是先提出一个总的论点，然后通过列举多个相关的分论点来支持和证明总论点的成立，分论点的选择和阐述需要与总论点相呼应，这种结构可以使文章更加有层次和逻辑性。

总论点 + 分论点的结构模板包括：

① 引言：引出文章的主题和总论点。

② 总论点：明确提出文章的总论点。

③ 分论点 1：列举第 1 个相关的分论点，并详细阐

述其相关性。

④ 分论点 2：列举第 2 个相关的分论点，并详细阐述其相关性。

⑤ 分论点 3：列举第 3 个相关的分论点，并详细阐述其相关性。

⑥ ……

⑦ 总结：总结文章的总论点和分论点，并强调其重要性和可信度。

（3）1 个观点 + N 个角度。

1 个观点 + N 个角度的结构是先提出一个观点，然后通过列举多个不同的角度来支持和证明这个观点。这种结构可以让文章更加全面并可以多角度地探讨一个问题或观点。

1 个观点 + N 个角度的结构模板包括：

① 引言：引出文章的主题。

② 观点：明确提出文章的观点。

③ 角度 1：列举第 1 个相关的角度或方面，并详细阐述其相关性。

④ 角度 2：列举第 2 个相关的角度或方面，并详细阐述其相关性。

⑤ 角度 3：列举第 3 个相关的角度或方面，并详细

阐述其相关性。

⑥ ……

⑦ 总结：总结文章的观点和角度，并强调其全面性和可信度。

（4）1个观点＋同一个人的多个事迹。

1个观点＋同一个人的多个事迹的结构是先提出一个观点，然后通过列举同一个人的多个相关事迹来支持和证明这个观点，事迹的选择和阐述需要与观点相呼应，这种结构可以更加具体和生动地展示一个人的特点或成就。

1个观点＋同一个人的多个事迹的结构模板包括：

① 引言：引出文章的主题。

② 观点：明确提出文章的观点。

③ 事迹1：列举第1个相关的事迹，并详细阐述其相关性和支持作用。

④ 事迹2：列举第2个相关的事迹，并详细阐述其相关性和支持作用。

⑤ 事迹3：列举第3个相关的事迹，并详细阐述其相关性和支持作用。

⑥ ……

⑦ 总结：总结文章的观点和事迹，并强调其具体性和可信度。

4. 结尾模板

（1）概括式。

概括式的结尾特点是通过简洁明了的总结来强调文章的主旨和观点，让读者更加深刻地理解和记忆文章的内容。

概括式的结尾模板包括：

① 总之，……

② 综上所述，……

③ 总的来说，……

④ 总而言之，……

这些模板都是通过简单的总结来强调文章的主旨和观点，在使用概括式结尾时需要注意总结的准确性和简洁性，避免过于冗长或模糊，同时，需要与文章的主题和观点相呼应，如图 3-34 所示。

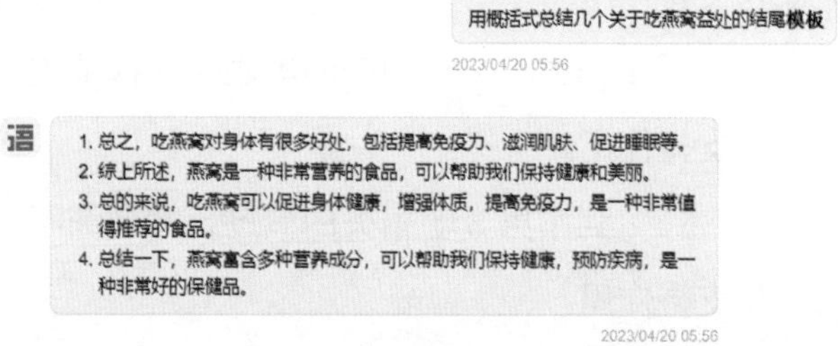

用概括式总结几个关于吃燕窝益处的结尾模板

2023/04/20 05:56

1. 总之，吃燕窝对身体有很多好处，包括提高免疫力、滋润肌肤、促进睡眠等。
2. 综上所述，燕窝是一种非常营养的食品，可以帮助我们保持健康和美丽。
3. 总的来说，吃燕窝可以促进身体健康，增强体质，提高免疫力，是一种非常值得推荐的食品。
4. 总结一下，燕窝富含多种营养成分，可以帮助我们保持健康，预防疾病，是一种非常好的保健品。

2023/04/20 05:56

• 图 3-34 •

（2）点名式。

点名式的结尾特点是通过列举关键词或事实来强调文

章的重点和亮点，让读者更加深入地理解和记忆文章的内容。

点名式的结尾模板包括：

① ……，……，还有……

② ……，不仅仅是……，更是……

③ ……，包括……、……和……

④ ……，不可忽视的是……

这些模板能够让读者更加深入地理解和记忆文章的内容。需要注意的是，列举的准确性和逻辑性与文章的主题要相呼应，避免脱离文章的内容和重点。

（3）名句式。

名句式的结尾特点是通过引用名人名言或经典语句来强调文章的主题和观点，让读者更加深刻地理解和记忆文章的内容。

名句式的结尾模板包括：

① 如此这般，正如某位名人所说："……"

② 总之，正如一句古语所说："……"

③ 总结来说，正如某位大师所言："……"

④ 总而言之，正如一句名言所说："……"

这些模板都是通过引用名人名言或经典语句来强调文章的主题和观点，让读者更加深刻地理解，不过引用一定要准确恰当。

（4）排比句式。

排比句式的结尾特点是通过使用相同或类似的语法结构和词语来强调文章的重点和亮点，让读者更加深入地理解和记忆文章的内容。

排比句式的结尾模板包括：

① ……，不是……，也不是……，更不是……

② ……，不仅仅是……，更是……，甚至是……

③ ……，不是因为……，而是因为……，更是因为……

④ ……，不是……，也不是……，而是……

这些模板都是通过使用相同或类似的语法结构和词语来强调文章的重点和亮点，让读者更加深入地理解内容，不过在使用排比句式结尾时要避免过于复杂烦琐，如图 3-35 所示。

用排比句式强调在社交中控制个人情绪重要性的结尾模板

2023/04/20 06:00

复制

1. 在社交中，控制好个人情绪，可以让你更加从容自信，更加理智冷静，更加成熟稳重，从而赢得他人的尊重和信任。
2. 掌控好自己的情绪，可以让你更加清晰地思考问题，更加准确地表达自己的想法，从而避免因情绪失控而造成的不必要的误解和矛盾。
3. 控制好个人情绪，可以让你更加专注于他人的需求和感受，更加关注他人的情感状态，从而建立起更加健康、稳定的人际关系。
4. 在社交中，控制好个人情绪，可以让你更加容易获得他人的认可和赞赏，更加容易获得他人的支持和帮助。
5. 掌握好控制个人情绪的技巧，可以让你更加从容应对各种社交场合，更加成功地实现自己的社交目标。

2023/04/20 06:00

• 图 3-35 •

AIGC+：
100 倍速生产爆款内容的底层逻辑

5.日常高频词

除此之外，日常工作中我们又该如何与 AI 进行高质量的对话，让 AI 更好地辅助我们的工作呢？总结下来就是："使用场景 + 目的 +Prompt 提问方式 + 提问要点"这个公式，如图 3-36 所示。

· 图 3-36 ·

有时候，我们使用 AI 生成内容时，一次生成的结果可能并不是非常理想，但这也是 AI 技术需要一个逐步优化和训练的过程。在这个过程中，我们可以向 AI 提出自己的意见，以帮助它更好地生成内容。只有通过实践，我们才能更好地掌握 AI 生成内容的技巧和方法，因此，不妨多加练习，以获得更好的结果。

AIGC 妙用：

AIGC 如何在各大平台大显神通

AIGC+ 抖音：AI 发起短视频创作革命

随着人工智能在短视频领域的应用越来越广泛，AIGC 和抖音的结合则为短视频创作带来了革命性的变化。通过 AI 技术的普及，短视频创作变得更加便捷、高效，也让更多的人能够参与到短视频创作中来。这种智能化的创作方式，不仅提高了短视频创作者的创作效率和创作品质，同时也为短视频产业的发展注入了新的活力和动力。

1. 账号定位

在抖音平台上，有许多种类的短视频，每一种都有其各自的特点和受众群体。其中，最流行的几种短视频类型包括音乐视频、教程视频、搞笑视频、模仿视频和情感视频。音乐视频通常是用户跟着音乐的节奏跳舞或表演的形式，这种视频可以表现出音乐和舞蹈的艺术魅力，因此非常吸引观众。教程视频则是给观众展示如何做某件事或使用某个产品，这种视频可以赢得观众的信任和忠诚，因此也深受大家的喜爱。另外，抖音上还有许多搞笑的视频，它们可以给大家带来欢乐，也可以吸引更多的观众。模仿视频则是模仿流行的电影或电视剧中的场景或名人，这种视频可以给观众带来乐趣和新鲜感。情感视频则是分享自己的生活经历或情感故事，让观众与你产生共鸣和情感连接。这些视频多数需要有真人出镜，这也是视频爆火的要素之一。

你要做哪类视频需要根据自身的特点、擅长的领域来选择。在制作短视频的过程中，真人出镜的成本较高，因此，许多创作者选择使用一种简便快捷的方式，即快速建立一批矩阵账号，等有了基本的流量和影响力，再开始真人出镜制作原创内容。这种方式不仅效率高，而且灵活性也较强，非常适合初创的创作者。只要制作的内容足够优秀，不管是哪种类型的短视频，都有可能成为抖音上的爆款，吸引无数观众的关注和追捧。

在抖音平台上，有一种非常受欢迎的内容类型，它既可以产生高流量，又能获得优秀的数据表现，同时制作也非常简单。这种内容就是聊天式的对话内容，通过对话的方式分享一些搞笑的段子或者引起大家争议的话题。对于这类内容，很多用户都非常喜欢，不少视频点赞量从几万到几十万，甚至上百万都有。这也吸引了不少创作者开始尝试制作这种形式的视频。

不过需要注意的是，对于这类内容，内容的质量和创意还是非常重要的。如果内容不够有趣或者不够吸引人，不仅无法得到观众的喜爱，还会对创作者的声誉产生不良影响。因此，在制作的过程中需要认真对待每一个话题和每一个段子，确保其有足够的吸引力和趣味性，才能获得更好的表现和回报，如图 4-1 所示。

图 4-1

2. 内容制作

内容制作可以用 AIGC 工具来搞定。例如，想做一段关于婆媳纠纷的聊天对话内容，可以向 ChatGPT 提问"帮我写一段关于婆媳纠纷的对话"，如图 4-2 所示，ChatGPT 就会自动帮你生成一段关于婆媳纠纷的对话。

帮我写一段关于婆媳纠纷的对话

好的，以下是一段虚构的婆媳纠纷对话示例：

媳妇：妈，你干嘛老是干涉我们的家务呢？我和你儿子已经结婚了，我们自己可以处理好家里的事情。

婆婆：我只是想帮忙啊，没想到你会不高兴。毕竟我也是有经验的，想把家里的事情处理好。

媳妇：可是妈，你的帮忙却让我感到很不舒服。你总是不经过我们的同意就来我们家，然后改变我们的生活习惯和做事方式，这让我们很难受。

婆婆：我知道你们是成年人了，有自己的主见和生活方式。但是作为长辈，我也有责任看看家里有没有需要帮忙的地方。如果我做错了什么，你可以跟我说，我会注意的。

媳妇：妈，我知道你的用心是好的。但是我们需要你理解，我们有自己的生活方式和处理事情的方法，你的干涉可能会导致我们不适应或者不满意，希望你能尊重我们的选择和决定。

婆婆：好的，我理解你的想法了。我会尽量不干涉你们的事情，也希望你们能多跟我沟通，遇到什么问题可以跟我商量。毕竟我们是一家人，需要相互理解和支持。

· 图 4-2 ·

如果觉得这个对话太长太烦琐，也可以向 AI 提出改进意见，如图 4-3 所示，就可以得到改进后的内容。

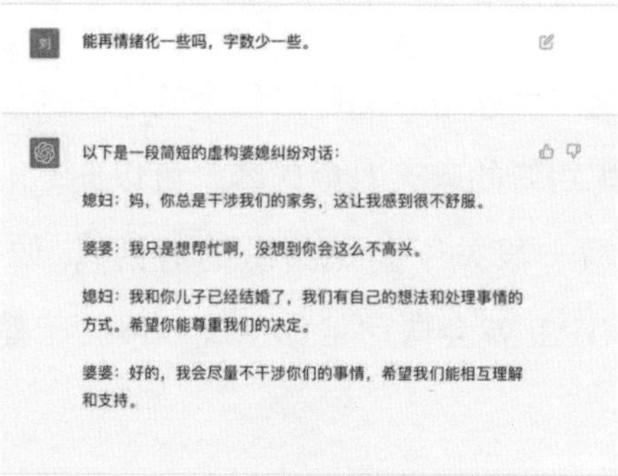

列　能再情绪化一些吗，字数少一些。

以下是一段简短的虚构婆媳纠纷对话：

媳妇：妈，你总是干涉我们的家务，让我感到很不舒服。

婆婆：我只是想帮忙啊，没想到你会这么不高兴。

媳妇：我和你儿子已经结婚了，我们有自己的想法和处理事情的方式。希望你能尊重我们的决定。

婆婆：好的，我会尽量不干涉你们的事情，希望我们能相互理解和支持。

• 图 4-3 •

除了在抖音上制作短视频，我们还可以用其他形式的内容作为文案素材。例如一些好玩的、有趣的、富有逻辑的故事，它们都可以成为我们的灵感来源。这样的内容不仅可以在抖音上发布，其他平台也可以应用。而且，我们不必担心制作聊天对话会麻烦，因为现在已经有一些 AIGC 工具可以直接生成聊天对话，可以大大提高我们的工作效率，让我们更加轻松愉快地创作出有趣的内容，来吸引更多的观众。

在制作真人出镜的短视频时，演员的整体表现非常重要，需要具备良好的语言表达能力、表情管理能力和细致的动作处理技巧。同时，文案功底也是非常重要的因素之一。但是对于聊天对话框的形式，只要文案内容做得好，就非常容易吸引观众的注意和点赞。因此，在制作这种形式的视频时，可以不用太担心演员的观众缘，只需要重视文案的创意和质量，就能够获得不错的表现和反响。

这种对话框形式的内容制作非常简单，只需将文案内容转化为对话框形式即可。它省时省力，能够轻松地复制，一个人就能够做多个账号。此外，选择内容也非常灵活。例如，制作搞笑视频可以直接插入搞笑段子，制作知识类视频可以使用相关知识点。这种形式的内容具有很强的互动性，用户可以在评论区中畅所欲言，吐槽对话框内容，进而提高整体流量。

3.标题确定

作品的标题一定要吸引人，可以利用热门话题来做标题，视频内容最好和最近的新闻事件或流行话题相关，这样就可以在标题中利用这些关键词吸引更多的观众；也可以在标题中突出视频中的最大卖点，告诉观众你的视频有什么特别之处，来引起他们的兴趣；还可以利用数字，数字标题通常比较吸引人，如"5分钟学会跳舞"的标题可以吸引那些想快速学习跳舞的用户；或者利用情感词，情感词可以激发观众的情感共鸣，如"感动到落泪的美食故事"等。

无论如何，标题一定要简单明了，用一句话概括视频内容，让观众一目了然，这样才更容易吸引他们去点击。标题是一个视频的重要组成部分，要尽可能地吸引观众的眼球，同时也要真实地反映视频的内容。

这里给出一个爆款标题指令，可以用于各大 AIGC 软件，又快又好地生成爆款标题。

（1）采用戏剧性和夸张的手法，吸引读者的眼球。

（2）使用反转和矛盾的表述方式，引起读者的兴趣。

（3）引用流行文化元素、网络语言等，让标题更加亲切、易懂。

（4）使用负面情绪，如自嘲、讽刺、挖苦等，激发读者的情感共鸣。

（5）采用引导性语言，如疑问句、陈述句等，引导读者思考或行动。

（6）突出个人的情感和经历，贴近读者生活，引起共鸣。

使用时直接输入指令：请用（特点）写一个 ×× 的探店（文章、短视频等场景）的标题，多写几个供我选择。

通常情况下，一组矩阵账号的成功率约为 40%。例如，如果运营 10 个账号，可能会有 4 个账号表现出很好的爆火潜力。此时，你可以采取一系列操作，如引流、变现、真人出境、转原创等，以提高运营效率。

4. 账号运营

要想成为短视频的热门 IP，一定要注重细节，挖掘出独特的创意点子，同时结合 AIGC 技术，让视频更具时尚感、更具有人气和互动效果。对于已经有一定的粉丝基础，要想进一步实现个人 IP 的次增长，就需要更加注重自身的特点和风格，深入挖掘内容的潜力和亮点。

首先，要找到自己的"特色标签"，并突出展示。这样可以更准确地定位自己的目标群体，吸引更多的粉丝来关注，提高自己的曝光度。例如，你的特点可以是喜欢分享生活、热爱旅游，也可以是具有某种特殊才艺或爱好，这些都可以成为你在抖音上的特色标签。

其次，针对用户提供更有深度的内容。可以从自身的特点和风格入手，根据观众的需求来创作视频，并不断丰富视频的种类和主题。创作内容必须有深度、有趣，并且要注重创意、创造力和品质，这样才能保证视频的可视度、分享度和评论度。同时，要不断与观众保持联系与互动，让用户感受到自己对他们的关注和情感，这样不仅可以提高自己的品牌形象和口碑，还能增加粉丝的参与度和忠诚度。

最后，利用 AIGC 技术进行自动化处理视频内容，进一步提升视频内容的质量，并实现加速推广，利用自动化营销工具等手段来进行推广和分发，可以让创作内容更快地被更多的人看到，从而实现个人 IP 的次增长。

例如，可以从评论区选取好的点子并进行二次创作，这个方法非常简单快捷，而且互动性也强。我们可以在评论区找到热门留言，挖掘那些有趣、有创意、有探讨性的话题，再用 AIGC 分析工具对留言进行自动情感分析。图4-4 用来找到观众对话题的态度和情感倾向。

· 图 4-4 ·

将留言评论按照内容和类别整理成不同的主题，是进行下一步二次创作的必要准备。使用 AIGC 工具可以自动将留言分类，按照意义相关性组织留言，快速分类整理,避免遗漏的同时也节省了时间。在进行二次创作时,我们要在内容中加入自己或团队的特色或风格,使内容更加出彩。发布内容后,积极与观众和粉丝互动,随时吸纳和反馈建议,这将大大提升用户的体验和互动效果。

总之,要想在抖音平台获得更多的目标用户,需要选择一个明确的主题或领域来制作视频,从而吸引目标用户的兴趣。在视频制作中,要注意使用与热点相关的关键词来提高视频的曝光率。此外,与其他抖音创作者合作,共同制作有趣的视频,可以扩大受众群,提高转发率。定期发布高质量的视频是保持用户关注的关键。同时,需要在其他社交媒体平台上宣传自己的抖音账号,以吸引更多的粉丝。积极与用户互动,回复他们的评论和消息,可以建立忠实的粉丝群,提高影响力。最后,可以从评论区中选取好的点子进行二次创作,利用AIGC工具提高视频内容的效率和质量,满足用户需求。

以上是一些基本步骤,爆火的模式看起来很简单,但一定要记住,这需要时间和努力的积累,不要期望发了几个视频就立即看到结果,最重要的是坚持,AIGC可以降低成为网红的门槛,让原创的难度直线降低,让人人都能成为精品视频的原创作者成为现实。

运营抖音账号时,要紧跟市场趋势,密切关注流行话题，创作内容要紧贴热点，有趣、新颖、富有创意。同时要根据需求不断优化视频内容和形式，控制视频发布的数量和频率，避免过多或过少。只要坚持不懈地做好这些工作，每天花一点时间研究，百万年薪不再是梦想。

5. 成功案例

在抖音平台上，有许多通过发布聊天对话就能吸引过万粉丝的主播。例如，图 4-5 中的这个博主，通过更新一些情感纠葛的聊天记录，仅用短短三个月就获得了 52.1 万赞和 1.8 万粉丝。

• 图 4-5 •

图 4-6 所示是一个非常成熟的抖音账号。这位博主已经开通了自己的橱窗，推荐并出售了 11 万件商品，其流水都令人惊叹，还有 20% 的提成的收入。现在，这个账号只需定时更新作品以保持曝光度。由于拥有大量的成熟粉丝和铁粉，作品内容大多来源于粉丝投稿，所以这个账号互动性也更强，博主基本上也不再需要自己去设定内容。

• 图 4-6 •

这些博主是通过 AIGC 的工具迅速注册账号，然后借助这样的内容来引起关注，最后通过不断发布视频来积累粉丝，从而实现橱窗变现。如今，短视频平台非常受欢迎，抖音只是其中之一，这些内容也可以应用于其他平台，如快手、百度视频等，操作方法和逻辑也是相似的。

AIGC+小红书：快速打通变现渠道

怎么用三天时间做一个超级赚钱的小红书账号？可能很多人都想做小红书副业，那这里就具体来说说怎么创建一个爆火的小红书账号。首先你需要知道你要做什么内容，选哪个赛道来做。

1. 账号创建

选择一个有吸引力的账号名称，并在账号简介中清晰地表达出账号的主题和定位，这样能够让用户快速了解你的账号。

那么怎么取一个有吸引力的账号名称呢？什么样的账号名称才算有吸引力呢？无非就几点：简洁明了、与做的内容相关、独特性、易于搜索。

（1）主题+词缀，如"美妆小姐姐""旅行达人"，在主题的基础上加上一些词缀，能够让账号名称更加生动有趣。

（2）口号＋主题，如"让你更美丽的美妆秘籍""带你走遍全球的旅行日记"，在口号的基础上加上主题，能够让账号名称更加有吸引力。

（3）谐音＋主题，如"美妆小仙女""旅行小甜心"，利用谐音来构建账号名称，能够让账号名称更加易于记忆和拼写。

（4）数字＋主题，如"美妆101""旅行365"，在主题的基础上加上数字，能够让账号名称更加生动有趣。

（5）缩写＋主题，如"MZ美妆""TT旅行"，利用缩写来构建账号名称，能够让账号名称更加简洁明了。

2. 选题确定

做小红书一定要选择热门的、有趣的、有价值的题材，也就是选题，如美妆、时尚、旅游、美食等，同时要保持一定的专业性和深度，让用户能够从中获得实际的帮助和启发，也就是利他思维。要提升内容题材的吸引力，因为不同的人群适合不同题材。例如，年轻女性就会喜欢美妆、时尚、美食、旅游、健身等；年轻男性喜欢游戏、体育、科技、汽车、音乐等；中年女性更爱看家居、养生、美容、旅游、文化等；中年男性喜欢看投资、理财、健康、旅游、文化等；老年人则更关注养生、文化、旅游、历史、艺术等，所以面对的人群不同就要做与之对应的内容。

总之，要想提升选题的吸引力，吸引更多的精准用户，就要深入挖掘一个热门选题的更深入、更有价值的内容，并且要有创新思维，在热门选题中，提供新颖、有趣的内容，让用户感到新鲜和惊喜。

但有时候按照以上模式发了几篇几十篇还是不温不火，是什么原因呢？其实在小红书做内容最核心的只有一点，那就是模仿，以上都是大范围的概括，而模仿才是核心。

可以思考一下，是自己突发奇想的一个选题成功率高，还是已经火过的内容成功率高呢？答案显而易见，如果你的小红书不温不火，做不起来，不如转换一下思路，直接去模仿那些已经成熟的博主。

那么到底如何模仿呢？首先根据达人分类，在小红书平台上通过分析关键词和笔记数据来建立适合自己的内容模型，对粉丝量、博主人设等数据进行筛选。找到可以对标模仿的账号，比如你是学生党，那就不能对标什么奢侈品的标签，因为这不符合大多数学生党的身份，与学生党对应的标签应该是性价比、平价、兼职、学习之类的，如图 4-7 所示。

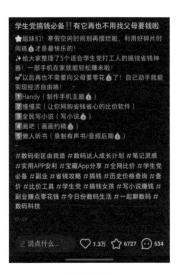

• 图 4-7 •

除此之外，还要看那些博主的粉丝表现和粉丝画像，有时候你可能看到一个博主粉丝量挺高，但他的粉丝要么低龄化，要么是老年人居多，这样的粉丝基本上很难变现。

选择好要模仿对标的博主后，对他的优质笔记进行分析和整理，对每条笔记进行关键词分析，接着用这些关键词搭建适合自己的内容模板，再结合自身的故事或案例添加内容，凸出亮点，加强人设感，以此来生成一篇符合小红书平台调性的优质文章。

例如，教程类视频博主一般是为用户提供实用的教程，如美妆教程、烹饪教程、旅游攻略等；心理学博主对用户进行心理分析，满足一些人的心理需求，如情感故事、心理测试等；趣味性视频博主如搞笑视频、恶搞图片等可以给用户带来缓解生活或工作压力的体验，满足用户的情绪价值。如果不知道从哪里入手做小红书博主，可以先发布一些与生活方式或学习成长相关的内容，从做养成系博主开始，找到同领域内的对标账号进行拆解来打造自己的爆款内容。

3. 内容制作

找到对标账号后就要寻找类似的图片，你可以模仿但不能照搬，所以小红书的文案需要自己来写，我们可以用 ChatGPT 来生成小红书爆款文案。不过 ChatGPT 的回答大部分时候是很机械的，尤其当你用很普通的方式进行提问的时候，如图 4-8 所示。

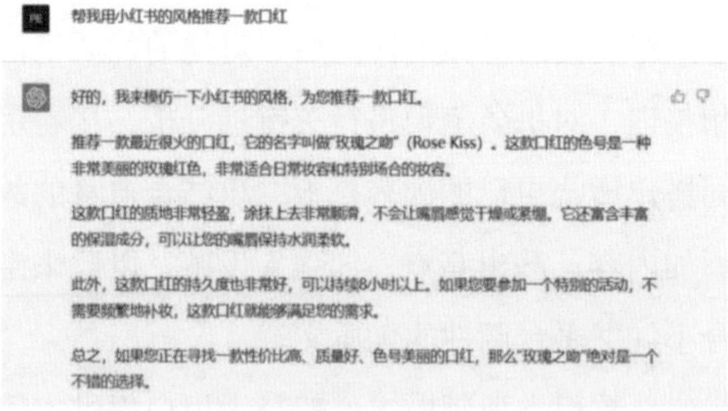

• 图 4-8 •

要求太简单，生成的内容不满意，这时我们可以对照对标博主，拆解他们的文案，再向 ChatGPT 提问，如图 4-9 所示。

小红书的风格是很吸引人眼球的标题，每个段落开头都加可爱的emoji 表情，最后加一些相关的tag，用小红书风格推荐一款口红

好的，我会模仿小红书的风格来为您推荐一款口红。以下是推荐：

☕🖊 [粉色公主]，来自于流行口红品牌Rosy Kiss的一款非常可爱的口红。这款口红色号为「粉色梦幻」，是一款非常适合春季和夏季的浅粉色。

这支口红采用了柔滑的质地，能够轻易地涂抹在嘴唇上。它还富含丰富的保湿成分，能够让您的嘴唇保持水润柔软。

与此同时，这支口红的色泽非常持久，可以在嘴唇上停留数小时而不会脱落或掉色。它的光泽感非常好，能够为您的妆容增添更多的浪漫气息。

最后，我们不要忘记加一些相关的tag。#可爱口红 #春季口红 #夏季口红 #浅粉色口红 #RosyKiss

总的来说，这支 [粉色公主] 口红非常适合那些想要让自己的妆容更加可爱的女性。如果你正在寻找一支可爱的、高品质的口红，那么这支口红绝对不会让你失望！

· 图 4-9 ·

这次的回答虽然有了一些改进，但还是没有完全符合我们的需求。这时候，我们可以针对 ChatGPT 的回答进行一些必要的纠正和调整，可以明确告诉 ChatGPT 我们对于回答的哪些部分不满意，并提出具体要求和建议。通过这种方式来更好地指导 ChatGPT 进行修改，使其更加贴近我们的需求，如图 4-10 和图 4-11 所示。

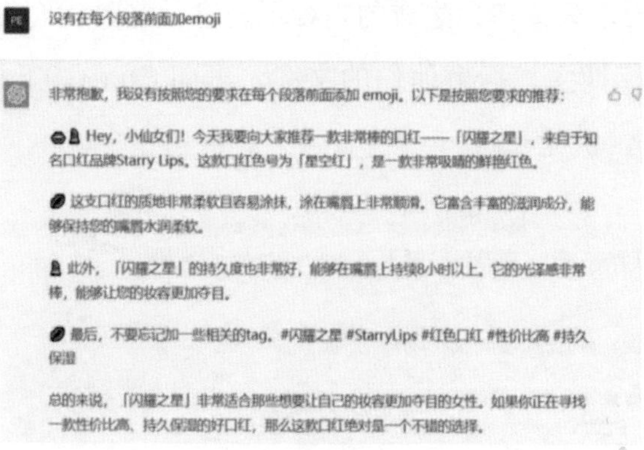

PE 没有在每个段落前面加emoji

非常抱歉，我没有按照您的要求在每个段落前面添加 emoji。以下是按照您要求的推荐：

😘 Hey，小仙女们！今天我要向大家推荐一款非常棒的口红——「闪耀之星」，来自于知名口红品牌Starry Lips。这款口红色号为「星空红」，是一款非常吸睛的鲜艳红色。

💄 这支口红的质地非常柔软且容易涂抹，涂在嘴唇上非常脆滑。它富含丰富的滋润成分，能够保持您的嘴唇水润柔软。

💋 此外，「闪耀之星」的持久度也非常好，能够在嘴唇上持续8小时以上。它的光泽感非常棒，能够让您的妆容更加夺目。

🏷 最后，不要忘记加一些相关的tag。#闪耀之星 #StarryLips #红色口红 #性价比高 #持久保湿

总的来说，「闪耀之星」非常适合那些想要让自己的妆容更加夺目的女性。如果您正在寻找一款性价比高、持久保湿的好口红，那么这款口红绝对是一个不错的选择。

• 图 4-10 •

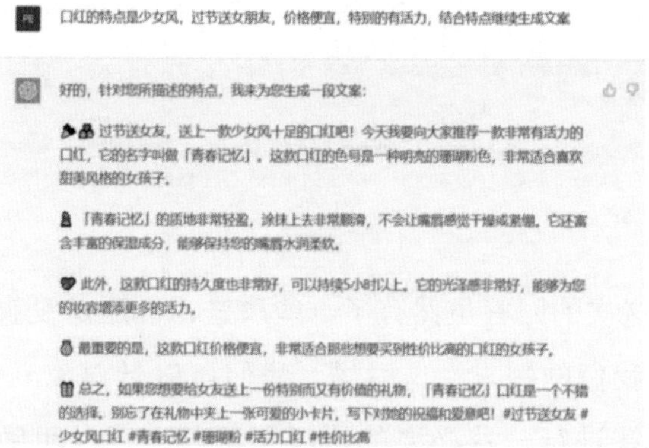

PE 口红的特点是少女风，过节送女朋友，价格便宜，特别的有活力，结合特点继续生成文案

好的，针对您所描述的特点，我来为您生成一段文案：

💄😘 过节送女友，送上一款少女风十足的口红吧！今天我要向大家推荐一款非常有活力的口红，它的名字叫做「青春记忆」。这款口红的色号是一种明亮的珊瑚粉色，非常适合喜欢甜美风格的女孩子。

💋 「青春记忆」的质地非常轻盈，涂抹上去非常脆滑，不会让嘴唇感觉干燥或紧绷。它还富含丰富的保湿成分，能够保持您的嘴唇水润柔软。

🖤 此外，这款口红的持久度也非常好，可以持续5小时以上。它的光泽感非常好，能够为您的妆容增添更多的活力。

💰 最重要的是，这款口红价格便宜，非常适合那些想要买到性价比高口红的女孩子。

🎁 总之，如果您想要给女友送上一份特别而又有价值的礼物，「青春记忆」口红是一个不错的选择。别忘了在礼物中夹上一张可爱的小卡片，写下对她的祝福和爱意吧！#过节送女友 #少女风口红 #青春记忆 #珊瑚粉 #活力口红 #性价比高

• 图 4-11 •

由此可见，对 ChatGPT 的提示词是非常重要的，为了让 ChatGPT 更好地了解你的需求，在提问时要尽可能提供更多的信息，如产品的特点、受众群

体、所需要传达的信息等，提问的详细程度和完整性对 ChatGPT 生成的内容至关重要。问题越详细，生成的内容就越有针对性并越准确。我们要尽可能详细地描述问题，提供尽可能多的信息，这样 ChatGPT 才能够更好地为我们提供帮助，生成更优秀、更符合我们需求的文案。ChatGPT 生成的文案有时候是比较生硬的，但不能否认的是它可以非常快速地生成大量的文案，从而极大地提高我们的工作效率。所以人工修改和润色也非常必要。

如果越来越多的用户和商家开始尝试用 AIGC 工具创作内容，那么竞争也会越来越激烈。

首先要根据小红书平台积累的大量选题素材和笔记来训练自己的 AI 创作模型，不断地学习、实践和迭代来提升自己的内容输出能力，能够更好、更稳定地进行创作。

其次，当用户喜欢你的内容，就会点开你的主页去浏览，这时如果你的简介是空白的，或者你的资料和你的账号定位完全不相关，是很难吸引用户来关注的，所以账号的简介一定要写清楚，如你的定位、你会输出哪个领域的内容、能给用户带来什么价值、为什么需要关注等，如图 4-12 所示。

• 图 4-12 •

最后就是小红书的平台算法，这个算法可以简单理解为，当你的笔记发出后，平台会通过用户的兴趣推荐给 100 个用户，如果有 90% 的用户认为你的内容好，给你点赞评论，甚至成为你的粉丝，平台就会再把你的内容推荐给 1 000 个用户，以此类推，但如果用户对你的内容不感兴趣，点赞和浏览量很少，平台也不会把你的内容再推送出去。所以小红书爆文绝对不是一个玄学，一个好的小红书账号一定是策划出来的。

4.运营与变现

创建好一个账号后，你就要开始正式运营这个账号。定期更新内容，保持在平台的活跃度，多参与粉丝互动，回复粉丝的评论和私信，以此来增加用户的黏性和忠诚度。同时，要注意账号设计的美观度，主要是指封面的设计与内文图片的选择和文字排版，这一点对小红书创作非常重要，要让用户在轻松阅读的同时享受愉悦的视觉体验。

当粉丝量达到一定数量，就可以考虑变现了。小红书的变现途径其实很简单，前面已经介绍，用户在小红书上产生了大量有价值的内容，这些内容可以是购物心得、美妆教程、旅游攻略等，用户通过分享这些内容吸引到更多的人来到小红书上，形成社区和流量。小红书利用这些流量和社区，将用户产生的商品需求和品牌相匹配，在平台上销售商品，通过付费推广和品牌合作等形式获得收益。

具体来说，小红书的变现方式包括品牌合作、直播带货、社区推荐等多种方式。品牌合作是小红书最主要的变现方式，小红书会根据用户的 UGC 内容和社群推荐，引导用户产生商品需求，然后通过品牌合作，将用户需求和商品匹配，实现销售。直播带货则是小红书针对一些知名博主或者美妆达人进行的推广方式，这些达人在直播过程中向观众展示商品，实现直接购买。社区推荐则是小红书通过算法推荐商品，让用户方便地购买。

除了以上方式，小红书还通过付费推广、粉丝经济等途径获得收益。付费推广是指品牌为了让自己的商品得到更好的曝光，向小红书付费进行推广。粉丝经济则是指小红书为用户提供奖励，鼓励他们产生更多有价值的 UGC，进而吸引更多的用户，形成更大的社区和流量。

总之，小红书通过社交电商的方式，将用户产生的内容变成商品，实现销售盈利。

5. 成功案例

小红书上爆火的案例非常多，如图 4-13 所示。这些都是专门做零食测评的博主，她们的主页简介写得非常优秀，左边的博主还专门把不同的零食测评放在了不同的位置，做了专栏，主页更加一目了然。

这些成功案例就是我们需要学习的，很多做零食测评的博主都非常火，我们可以去进行模仿与延伸，如他们做的是推荐零食、分享零食，我们可以做宿舍好物、追剧必备、办公室零食推荐等，甚至再发散一点，做宠物零食推荐与测评。

（a）　　　　　　　　　　（b）

• 图 4-13 •

这些都是可行的，而且成功的案例非常多。以前做小红书因不会写文案而发愁，现在 AIGC 可以直接帮你搞定，利用工作之余运营一个小红书账号，做副业实现财务自由不是不可能。只要用心钻研爆款选题的文案和套路，分分钟上推荐热门，在 AIGC 的帮助下，你只需要选定对标账号来进行模仿、创作即可。

AIGC+B 站: 数字模拟人 UP 主

怎样在 B 站上快速创建一个拥有 10 万粉丝的账号呢? 以下从账号创建、选题确定、内容制作、运营与变现 4 个方面展开来讲。

1. 账号创建

首先需要选择合适的账号类型, B 站上有 UP 主、认证 UP 主、机构等不同类型的账号, 用户需要根据自己的实际情况选择合适的账号类型。其次, 要取一个合适的有个人特色的账号名称, 要简洁容易被记住, 与自己的内容深度相关, 同时也要注意不可以侵犯他人的知识产权。最后要完善账号信息, 包括头像、简介、标签等, 以便用户更好地了解并记住你的账号。

2. 选题确定

想要爆火一定要选择热门话题。要知道, B 站上的用户主要是年轻群体和二次元爱好者, 所以最好选择与这些用户相关的热门话题，如动漫、AI、游戏等；B 站上的用户对内容的要求较高，所以需要提供高质量的内容，如创意、搞笑、科技等。

从数据来看，B 站月活用户数 2.02 亿，其中 18～35 岁的年轻人占 78%。相当于每两个年轻人中就有一个在玩 B 站，相比起其他视频软件，B 站有最年轻的用户群体，他们更愿意接触新事物，而虚拟 UP 主是现在 B 站上年轻人最爱看的内容，播放率高达千万，如图 4-14 所示。

●图 4-14●

在 B 站上，虚拟 UP 主是一群活跃在视频社区的主播，他们以虚拟形象直播、投稿视频，吸引了大量粉丝的关注。与初音未来、洛天依这样的虚拟歌手不同，虚拟 UP 主是具有独立模型和人设的虚拟形象，通过真人幕后的演绎来呈现。虚拟 UP 主在 B 站上的出现，既满足了观众的娱乐需求，也给主播提供了展示自己的平台。

虚拟 UP 主与 AI 之间似乎没有直接的联系，它们更多的是通过技术手段实现虚拟形象的创造和呈现。虚拟 UP 主的模型和人设都是由专业设计师和动画师完成的，其中涉及 3D 建模、动作捕捉、渲染等技术，呈现出来的形象非常逼真，可以给观众带来异样的感受。同时，虚拟 UP 主也需要主播进行幕后的演绎，这需要他们具备较强的表演能力和技术水平。

虚拟 UP 主在 B 站上的活跃，也为视频社区的发展带来了新的可能性。虚拟形象的出现给主播带来了更多的创作空间和想象力，他们可以利用虚拟形象来创作更加奇妙、有趣的内容。同时，虚拟形象也为视频社区的商业化运营带来了新的商机，一些虚拟 UP 主已经成为知名品牌的代言人，为品牌推广带来了更多的曝光和用户黏性。

总之，虚拟 UP 主是 B 站上的一道亮丽风景线，他们通过虚拟形象呈现出全新的创作风貌，吸引了大量的粉丝。虚拟 UP 主与 AI 之间没有直接联系，但它们的出现都是技术手段的体现，也都为视频社区的发展带来了新的可能性。

想要在 B 站出圈，就要跟紧潮流，分析当下年轻群体最感兴趣的话题，虚拟主播热度持续增长，每天上榜热搜，所以在 B 站做内容最好也涉及这个领域。

B 站上 AIGC 类的视频也非常火爆，几乎每天都霸占热搜，热度在持续增长，如图 4-15 所示。但目前 AI 视频主要包括三大类：AI 科普、AI 使用实操类演示和 AI 作品展示类，数字模拟人 UP 主就相当于 AI 中的一个全新赛道，又是虚拟主播的一个创新点。

• 图 4-15 •

3. 内容制作

虚拟 UP 主的技术涉及人物建模、捕捉技术、直播技术和后期处理技术，

捕捉技术有一定门槛。不同风格的模型（2D 或 3D）对捕捉技术的要求也不同，2D 局限性高，最好是做 3D 的虚拟 UP 主，因为 3D 有多样化的动作，节目形式更丰富，如舞蹈直播，但一套好一点的设备价格为 2 万～5 万元，比较高昂，如图 4-16 所示。

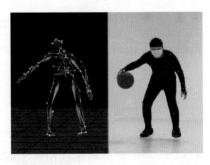

　　总的来说，做一个虚拟主播的成本还是比较高的，不过我们可以用 AIGC 工具来解决这一问题。例如，虚拟主播需要有一个幕后演绎虚拟形象的声音，我们就可以用 AIGC 中的音频功能合成声音，用 AI 绘图通过动态捕捉技术演绎动作，用 AI 视频来制作视频内容，这样就大大降低了成本，成为真正的虚拟 UP 主，也就是数字模拟人 UP 主，如图 4-17 和图 4-18 所示。

　　可能大家会觉得模拟虚拟数字人的单价较高，不如虚拟 UP 主灵动，但是从商业的角度来说，虚拟数字人能降低一些烦琐复杂的工作成本，达到省时省心省力的目的，而且数字虚拟人是虚拟的，几乎不会出错，不用担心博主人设塌房，比虚拟主播容错率高很多，所以还是一个非常有前景的赛道。

•图 4-17•　　　　　•图 4-18•

4. 运营与变现

B 站账号的运营主要是指通过不断地上传优质视频，扩大粉丝群体，与用户互动以及提高用户对视频的评论、点赞等交互，提升账号的曝光度和关注度。运营成功的 B 站账号可通过广告合作、付费会员、线上活动等多种方式变现获得收益。

AI 技术在 B 站账号的运营与变现中扮演着重要的角色。B 站通过 AI 技术对用户行为进行数据分析，确定用户的喜好和需求，提供更加精准的推荐服务，为账号的成长和变现提供有力支持。同时，AI 技术也能够通过智能制作等方式，提升视频的质量和创意性，增强账号的吸引力和竞争力。

　　总之，B 站账号的运营与变现需要结合 AI 技术的不断发展和应用，不断提升账号的优势，增强内容的吸引力，只有这样，才能满足用户的需求，保持竞争力，并实现更加可持续的发展。

AIGC+ 电商平台：电商行业门槛再创新低

如果你是一个电商领域的新手，缺乏店铺运营经验，那么你可能会觉得这个行业门槛很高。但是，随着 AIGC 技术的出现，这种情况正在发生改变，AIGC 技术可以帮助你快速学习电商知识和技能，降低跨境电商行业的门槛。这项技术可以大大提高学习效率，让你更容易适应这个行业的变化和挑战。因此，如果你想在电商领域取得成功，AIGC 技术在当下可能是你的不二选择。

电商行业是一个包含选品、产品图运营、营销、物流和售后的复杂系统。每个模块都有自己的技巧和讲究，需要不断地学习和实践才能掌握。但是，使用 AIGC 技术可以大大提升这些模块的效率和精准度。例如，AIGC 可以通过数据分析确定哪些商品更受欢迎，帮助你更快地进行选品；可以自动识别产品图中的关键信息，提高产品图的美观度和可识别度；还可以优化物流环节，提升物流效率和服务质量。总之，使用 AIGC技术可以让电商运营变得更加高效和智能化，让你更加轻松地应对各种挑战和变化。

1. 选品

电商选品是指在众多商品中，筛选出具有销售潜力和竞争优势的商品，并将其放入电商平台进行销售。选品的过程需要考虑多方面因素，包括市场需求、消费者偏好、竞争情况等。AIGC 技术可以帮助电商从海量商品中快速准确地筛选出符合条件的商品。通过搜索关键词、筛选条件等方式，AIGC 可以自动分析出商品的热度、销售情况、竞争情况等信息，帮助电商平台找到更具销售潜力的商品。同时，AIGC 还能对商品的图片、描述等进行自动识别和分析，提高商品的美观度和销售能力。选品是电商成功的关键之一，使用 AIGC 技术可以帮助电商更快、更准确地找到符合要求的商品，从而提升销售业绩和竞争力。

2. 产品图运营

产品图运营是电商中不可或缺的一环，它决定了商品的销售能力和用户体验。传统的产品图制作需要请模特拍摄，或者自己动手拍摄和编辑，需要极高的成本和大量的时间。现在可以通过 AIGC 技术快速制作商品主图、详情图，甚至模特图等各种类型的产品图，大大降低制作成本的同时提高制作效率。

具体来说，使用 AIGC 技术制作产品图可以采用以下几个步骤。首先，电商平台需要准备好商品的图片、文字描述等资料，并确定产品图的风格和要求。然后利用 AIGC 软件进行自动化制作。通过 AIGC 技术，可以自动生成商品的各种角度、大小、颜色的主图，以及商品的细节图、模特图等，极大地提高了工作效率和产品质量。同时，AIGC 技术还可以通过自动识别和分析，对产品图进行智能化处理，提升图片的美观度和吸引力。

使用 AIGC 技术进行产品图制作，可以在提高电商运营的效率和精准度的同时降低电商运营的成本，提升商品的销售能力，满足用户的购物需求，实现更加可持续的发展，如图 4-19 所示。

•图 4-19•

还不止如此，AIGC 不仅能制作这种类型的商品图，就连衣服试穿都不再需要请模特，如图 4-20 所示。

Stable Diffusion(SD)

模特衣架变真人
局部重绘的妙用

• 图 4-20 •

最关键的是成本非常低，未来再也不需要花巨额去请模特试穿，只要三分钟任何人都可以生成自己想要的商品模特图。例如要拍摄一件卫衣，我们只需要向 AI 绘图描述生成一个适合穿卫衣的女模特，给出她的身高、体重、面部表情等，如果有更高的要求，还可以给出拍摄像机的型号和拍摄角度，如图 4-21 所示。

· 图 4-21 ·

可以从提供的图中选择喜欢的一张，通过更改参数来改变模特的衣服颜色，然后，复制被处理过的图片链接，并在末尾添加参数"IW=2"，这个参数提示要一直用这个模特来生成图片，这样就可以实现不同商品的同一模特展示图。需要注意的是，在使用 AIGC 技术进行产品图制作时，可能会存在一些限制和缺陷，因此需要不断测试和优化，以确保生成的产品图符合要求。

如图 4-22 所示，这家淘宝店原来的商品只是衣服的图片，一般买家会更倾向于购买有上身试穿效果的商品，如果卖家想要提高销量，就需要请模特试穿，再来拍照片，但现在可以通过 AIGC 的合成技术，来实现想要的图片，甚至模特的脸都可以随意切换，直到满意为止。

·图 4-22·

我们拍摄商品模特图是为了展示穿在人身上的效果，但现在 AI 技术可以制作出更好的模特图，而且成本几乎为零。虽然目前 AI 生成的模特图还不够完美，但随着技术的不断提高，相信未来会有更多商家选择使用 AI 生成的模特图。这样做可以更好地展示商品效果，大大降低制作成本的同时为商家带来更多收益。

3. 营销

除了在产品图片上提供帮助，AIGC 在营销方面也大有作为。它可以帮助我们自主描写产品的营销卖点，以卖家的思维方式来展示商品，可以调用全网数据，自由组织语言，避免语法错误，如图 4-23 所示。这种技术可以大大提高我们的运营效率，为商家带来更多的收益和利润。

•图 4-23•

AIGC 软件可以通过数据分析来了解用户的需求，并优化产品和内容策略。它可以帮助我们更好地了解用户的心理，以及他们对产品和内容的偏好。通过这种方式，我们可以更加有效地制定销售策略和营销计划，以吸引更多的用户关注和购买。此外，通过粉丝管理，我们可以提高用户的黏性和留存率，让他们更加愿意长期关注我们的产品和服务。

当然，内容创作也是很重要的一部分。通过 AIGC

软件的支持，我们可以更快地创作出优质的内容，吸引更多的用户关注和购买。这不仅可以提高我们的竞争力，还可以为我们带来更多的收益和利润。

4. 物流和售后

物流和售后也是非常关键的一环。AIGC 软件可以帮助我们快速查询物流信息，提升物流效率和用户体验。同时，它也可以快速处理售后问题，提升用户满意度和口碑。这些都非常重要，因为用户的满意度和口碑直接影响到我们的销售额和竞争力。

总之，AIGC 的加入让电商行业的门槛和成本都再创新低。所有的电商卖家正在步入一场新的竞争，我们需要学会站在风口上，不断学习和更新技术，以保持我们的竞争力和领先优势。虽然 AI 不会取代人，但 AI 会取代那些不会用 AI 的人。所以，我们需要不断创新和学习，以便在这个竞争激烈的行业中获得成功。

第五节

AIGC+ 微信视频号：流量变现一条龙

微信已经成为现代人生活中不可或缺的软件之一，人们几乎每天都需要使用它来交流、分享、管理和娱乐，它已经深深地融入了我们的日常生活中，微信视频号也因此受益匪浅。相对于其他短视频平台，微信视频号有其独特之处。首先，它的用户群体更加广泛，除了年轻人，还包括更多的中老年用户，这使得用户基数更大，市场潜力也更大。其次，微信视频号提供了更多的商业机会。例如，商家可以通过微信视频号向用户展示产品，吸引用户来购买，同时可以在视频中加入广告，获取更多的收益。最重要的是，微信视频号作为微信的一部分，具有更加紧密的社交属性，这使得视频内容更加具有传播性，更容易让用户分享和传播。综合来看，微信视频号的潜力不容小觑，它将成为越来越多商家的选择。

随着人工智能技术的不断发展，它的应用领域也越来越广泛。现在利用 AI 技术来提高企业效率和服务质量已经成为一种普遍趋势。AIGC 和微信视频号的结合就是一个很好的例子。

AIGC+ 微信视频号可以更快、更好地抢占赛道，利用 ChatGPT 量产视频的特性快速打通变现渠道。通过 AIGC 的智能客服技术，企业可以更加快速地响应用户的需求，提高用户的满意度，增加用户黏性。同时，利用 ChatGPT 的聊天机器人技术，企业可以更加便捷地生产视频内容，满足用户的需求，提高变现效率。

1. 平台的机遇

近日，微信推出了新的"视频号创作分成计划"，旨在鼓励创作者创作更多优质内容，如图 4-24 所示。该计划的实现方式是在有流量的公众号界面植入广告，将获得的收益分一部分给符合规范的优质创作者。只要在视频号里的创作者中心选择创作者服务→创作分成计划→申请加入，就能够享受分成计划带来的收益。对于有效粉丝在 100 以上的创作者来说，这是一个难得的机会，可以更好地展现自己的创作才华，同时也可以获得相应的经济回报。这一新举措，无疑将吸引更多创作者加入微信平台，为用户带来更多、更好的内容。

• 图 4-24 •

2. 选题制作

微信视频号的主流人群基本 30 ～ 40 岁，因此我们要投其所好。根据 ChatGPT 推荐，选出针对 30 ～ 40 岁人群最爱看的 10 个视频号热门话题，如图 4-25 所示。

• 图 4-25 •

这里选择健康生活，请 ChatGPT 继续给出 10 个建议，如图 4-26 所示。

接着让它在健康生活这个大类目下列出几个主题建议，如图 4-27 所示。

· 图 4-26 ·

· 图 4-27 ·

让 ChatGPT 给出关于视频内容的建议，并让其给出具体拍摄手法，如图 4-28 所示。

（a）

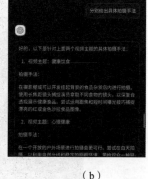

（b）

· 图 4-28 ·

AIGC+：
100 倍速生产爆款内容的底层逻辑

视频脚本内容完成后让 ChatGPT 拟定几个视频标题，我们从中选出最好的一个，如图 4-29 所示。

如果觉得标题不够亮眼，可以给出具有的要求，继续让 ChatGPT 进行修改，如图 4-30 所示。

•图 4-29•

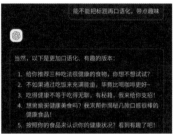

•图 4-30•

3. 实操案例

武侠小说是中国文化中的一种独特体裁，以武功、侠义、情感为主要元素，深受广大读者的喜爱。对于许多人来说，武侠小说不仅是一种文化现象，更是一种情感寄托和精神追求。在这个信息爆炸的时代，人们对于武侠小说的需求越来越高。然而，武侠小说的创作需要有一定的文学功底和创意，对许多人来说并不容易。因此，利用 ChatGPT 进行武侠小说创作成了一种新的选择。

通过输入关键词和句子，ChatGPT 可以快速生成不同风格和基调的武侠小说，满足读者的不同需求。当然，这种创作也需要一定的技巧和经验。需要对武侠小说的基本要素和风格有一定的了解和掌握，同时也要对生成的内容进行多次修改和润色，使其更加符合故事情节和风格，还要确保故事的连贯性和流畅度。

如果你对武侠小说有独特的理解和感悟，那么使用ChatGPT 来创作一部属于自己的武侠小说一定是一个非常有趣和具有挑战性的过程。在这个多元化的社会中，武侠小说作为一种独特的文学形式，已经成为人们的精神寄托和文化符号。通过使用 ChatGPT 进行武侠小说创作，能够帮助我们探索武侠小说世界的更深层次，可以为我们的文化传统注入新的活力和创意，为未来的文学发展带来更多的可能性。

首先要确定故事的情节和主要角色，包括主角、反派和配角等。同时设定故事的背景和时间，包括地点、历史背景，以及故事的基调和风格，如轻松幽默或悲壮激昂等。然后，可以通过输入关键词或句子，让ChatGPT 根据这些信息生成故事情节和对话。如果有需要，也可以让 ChatGPT 帮忙设定人物背景。具体操作如图 4-31 所示。

帮我写一篇武侠小说，先帮我确定故事情节和主要人物，包括主角、反派、配角等，再设定一下故事背景和时间，包括地点、历史背景，再确定故事的基调和风格，包括轻松幽默、悲壮激昂等。

2023.04.28 01:05

好的，我可以帮您设计一篇武侠小说。首先，我们需要确定故事情节和主要人物。

故事情节：
在明朝末年，江湖上出现了一位神秘的刺客，他的剑法高超，无人可敌。他的名字叫做"创魔"，但是他的身份和来历却无人知晓。在江湖上，创魔成为了一种传说，许多人都想要找到他，向他挑战，但是却无人能够成功。

主要人物：
主角：李云飞，一个年轻的武林高手，他的父亲曾经是一位著名的剑客，但是在一次江湖上的决斗中被人杀害，李云飞从小就立志要复仇，练就了一身高强的武功，他听说了创魔的传说，决定要找到他，向他挑战，为父亲报仇。

反派：张家三少，一个出身豪门的年轻人，他自认为是武林中的天才，但是却一直无法超越李云飞。他听说了创魔的传说，决定要找到他，向他挑战，证明自己的实力。

配角：小花，一个机智勇敢的女孩，她和李云飞一起寻找创魔，帮助他们解决了许多困难。还有一些江湖上的好友和敌人，他们的出现为故事增添了许多曲折和冒险。

故事背景和时间：
故事发生在明朝末年，地点是江湖一带的小镇和山林，这个时期，朝廷腐败，民不聊生，江湖上的各种势力纷争不断，武林中的高手层出不穷。

故事基调和风格：
故事的基调是悲壮激昂，主要表现李云飞为了复仇不断努力奋斗的过程，以及他和创魔之间的决斗。同时，故事也包含了一些轻松幽默的元素，例如小花的机智和幽默的台词，为故事增添了一些趣味性。

· 图 4-31 ·

　　如果存在不满意的地方，我们可以再次提出修改意见，不断地进行完善直到满意为止。同时，也可以让 ChatGPT 根据大纲内容来拓展延伸，进一步提升创作质量。要想创作出优质的武侠小说，我们需要在创意和想象力上下功夫，同时对武侠小说的基本要素和风格要有一定的了解和掌握。只要不断地实践和修改，我们就能够创作出引人入胜的武侠小说。

CHAPTER

5

AIGC 的

发展趋势

AIGC 对普通人的影响

所有工具和生产力的变革总会对人类社会产生巨大的影响。目前，相较于传统的创作方式，AIGC 可以实现更低的人力成本，使企业的运营成本得到有效的控制。此外，AI 可以模拟人类的创作过程，生成具有一定创意和创新性的内容，为内容运营提供了全新的思路和机遇，从而推动了内容产业的发展。因此，我们需要认真学习和掌握 AI 技术，以便更好地利用它，为我们的工作和生活提供最大化的便利和价值。

1. 便捷的生活

毫无疑问，AIGC 在当今社会中扮演着越来越重要的角色，其在日常生活和职场中为我们带来了诸多便利。在日常生活中，AIGC 能够帮助我们节省时间和精力，解决烹饪、洗衣、修理等问题，让我们的生活更加轻松和便捷；在职场上，AIGC 能够协助我们高效地处理日

常工作、管理时间和资源，提高我们的工作效率和成就，
如图 5-1 所示。

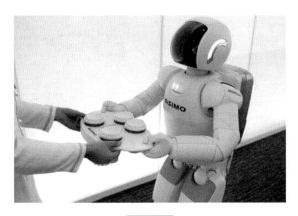

• 图 5-1 •

除了在日常生活中提供便利，AIGC 在许多领域都
发挥着重要作用。在医疗领域，AIGC 能够协助医生诊
断病情、提供治疗建议等，对于提高医疗水平和满足人
们的健康需求至关重要，尤其对于医疗资源匮乏的地区
来说，意义非常重大；在教育领域，AIGC 能够为学生
提供咨询、解释知识点、提供学习建议等，对于提高学
生的学习效率和成绩有很大帮助；在社会领域，AIGC
也能够协助政府管理公共事务，如自然灾害、疫情
等，发挥着不可或缺的作用，如图 5-2 所示。总之，
AIGC 给我们的生活和工作带来了极大的便利和高效。

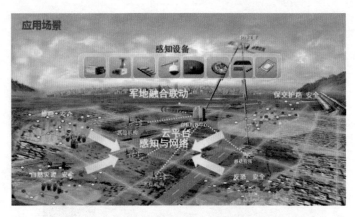

· 图 5-2 ·

AIGC 的出现也让人们对人工智能的未来充满期待。相信随着技术的不断发展，AIGC 的功能和性能也会不断提升，甚至在未来，AIGC 还有可能成为人类的"智能助手"，帮助人们解决更为复杂和高级的问题。例如，AIGC 可以帮助人们解决科学、哲学等领域的难题，探索更深奥和复杂的领域；帮助人们更好地理解自己，如分析个人的心理偏好、评估职业兴趣等。

2. 更多的工作机遇

就像曾经脱离了传统农业、传统手工业的大量劳动力，在现代工业生产和城市服务业中找到新的就业机会那样，人工智能的进步也将如此——随着技术的不断发展，AIGC 的功能和性能也会不断提升，从而延伸出的很多领域，将会在未来带来很多工作机遇，进行不同的产业升级（图 5-3）。

（1）AIGC+ 传媒：写稿机器人、采访助手、视频字幕生成、语音播报、视频锦集、人工智能合成主播。

（2）AIGC+ 电商：商品 3D 模型、虚拟主播、虚拟货场。

（3）AIGC+ 影视：AI 剧本创作、AI 合成人脸和声音、AI 创作角色和场景、AI 自动生成影视预告片。

（4）AIGC+ 娱乐：AI 换脸应用（如 FaceApp、ZAO)、AI 作曲（如初音未来虚拟歌姬）、AI 合成音视频动画。

（5）AIGC+ 教育：AI 合成虚拟教师、AI 根据课本制作历史人物形象、AI 将 2D 课本转换为 3D 课本。

（6）AIGC+ 金融：通过 AIGC 自动化生产金融资讯、产品介绍的视频内容，通过 AIGC 塑造虚拟数字人客服。

（7）AIGC+ 医疗：AIGC 为失声者合成语言音频、为残疾人合成肢体投影、为心理疾病患者合成医护陪伴。

（8）AIGC+ 工业：通过 AIGC 完成工程设计中重复性的低层次任务，通过 AIGC 生成衍生设计，为工程师提供灵感。

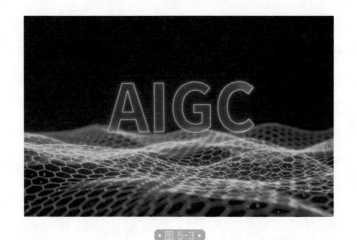

• 图 5-3 •

因此，面对人工智能时代的到来，我们需要适应技术的发展，不断学习和提高自己的技能和能力，以应对未来的工作环境。无论是哪个职业，都需要不断学习和进步，以保持自身的竞争力。如果你担心自己的职业可能会受到影响，可以考虑学习新的技能或转换职业方向，以适应未来的变化。总之，我们需要紧跟时代的步伐，不断自我更新，才能在未来的竞争中脱颖而出。

3. 大规模的失业

人工智能的迅速发展，必然会给就业带来巨大的冲击。人力资源和社会保障部 2016 年发布的数据显示，2016 年年末我国的失业率达到了 4.05%。相比于人类，机器人不会犯错、不需要休息、更不需要支付工资，这些特点使得机器人越来越多地被应用于重复性劳动、需要大量人工智能和高度标准化的工作中。这也就意味着，越来越多的工作将被自动化取代，导致大量人失业，无所事事。而现在，随着 ChatGPT 的问世，这个趋势可能更加明显（图 5-4）。

·图 5-4·

下面介绍一些容易受到影响的职业。

（1）数据输入员和文书工作人员。数据输入员和文书工作人员的工作往往需要大量的重复性劳动，如数据录入和文件分类。

（2）客服和销售。随着自然语言处理和人工智能技术的发展，许多企业已经开始使用机器人客服来回答常见的问题，提供支持和处理投诉。这些机器人可以更快速和准确地处理请求，并且可以在全天候的时间内提供支持。这也可能导致销售方面的工作被取代。例如，一些简单的销售任务可以通过在线机器人完成。

（3）柜员和银行工作人员。许多银行正在尝试使用自助服务设备来代替传统的柜台服务，这些设备包括自动取款机、自动存款机和在线银行系统。这些设备可以更快速和准确地处理许多基本的银行交易，因此可能会减少银行工作人员的需求。

（4）保险和金融服务。在保险和金融服务行业，许多任务可以通过使用人工智能和机器学习来自动化处理。例如，保险公司可以使用算法来处理保险索赔，以便更快速地处理和解决问题。类似的，金融服务行业也可以使用机器学习和数据分析来帮助客户做出更好的投资决策和管理资产。

（5）医疗保健。在医疗保健领域，人工智能技术已经开始被广泛应用。例如，使用机器学习来识别疾病和提供诊断，以及使用机器人进行手术。这些技术可以更准确地识别疾病，提高治疗效果，所以可能会减少一些医疗工作人员的需求，如实验室技术员和一些医疗助理等。

（6）媒体和广告。在媒体和广告领域，机器人写作和自动化广告制作已经开始普及。这些技术可以更快速地生成内容和广告，并且可以根据目标受众进行个性化处理。这也可能会导致某些传统媒体行业和广告制作公司的工作受到影响。

（7）金融服务。在金融服务行业，人工智能技术已经开始被广泛应用。例如，使用机器学习来识别欺诈和风险，提高贷款审核的效率，还可以使用自然语言处理来分析客户的投资组合。这些技术可以提高效率和准确性，但也可能会减少某些金融服务行业的就业机会。

（8）酒店和旅游。在酒店和旅游行业，人工智能技术可以提供更好的客户体验。例如，使用机器人来为客户提供服务，或者使用语音识别技术来协助客户预订房间。这些技术可以提高效率和便利性，也可能会减少一些服务型职位的需求。

（9）零售。在零售业，人工智能技术可以用于提高供应链和库存管理的效率。例如，使用机器学习来预测需求和优化库存，还可以使用自动化的货架和结账系统来提高效率和降低成本。这些技术可能会减少一些零售业的工作机会，但也可以为消费者提供更好的购物体验。

（10）物流和运输。在物流和运输行业，人工智能技术可以用于优化路线和交通流量，以及提高货物跟踪和交付的准确性。这些技术可以提高效率和准确性，也可能会减少一些物流和运输行业的工作机会。

（11）自动化和智能化。人工智能技术可以实现自动化和智能化，这意味着某些传统的重复性和机械性工作可以被取代，从而提高效率和降低成本。

但是也有很多工作是 AI 无法完成的（图 5-5）。

（1）创造性思维。AI 能够通过学习和算法进行自我优化，但它们不具有人类的想象力和创造力，人类有独特的能力去创造新的想法、艺术和文化作品等。

（2）情感和同理心。尽管 AI 可以高效地处理海量的数据和信息，但它们并不具备人类的情感和同理心。这是因为情感和同理心是无法被算法和逻辑所取代的，而是需要人类的生活经验和感性认知。因此，在处理与情感和同理心相关的工作时，人类仍然是无可替代的。

（3）因果关系。AI 不懂因果关系，这个说法甚至对人类也同样适用。

（4）复杂的创造性工作。人类的"创造力"AI 是无法做到的，因为"创造力"这个系统实在是太复杂、太神奇。

（5）主观判断。AI 是基于算法和数学模型，而人类的主观判断是基于价值观、经验和情感等因素。因此，对于一些需要主观判断的领域，如哲学、道德和政治等，人工智能无法取代人类。

（6）意外情况的处理。AI 是基于已知数据和算法进行学习和预测的，但是在现实生活中，很多情况都是不确定或无法预测的。因此，当遇到意外情况时，AI 无法做出正确的判断和决策。

（7）某些医疗方面的工作。尽管 AI 在临床医学方面可以提供系统化的病床计划、医学信息和医学图像解析等支持，但 AI 无法完全取代医生的角色。医生需要结合病人的身体状况、病史和其他相关因素，做出正确的诊断和治疗方案。在某些医疗方面的工作中，仍然需要人类的专业知识和经验来提供更为全面和精准的医疗服务。

· 图 5-5 ·

尽管 AI 在很多方面可以超越人类，但在某些方面，AI 仍然无法达到人类的水平。因此，人类和 AI 应该相互协作，共同发展，以实现更加美好的未来。虽然 AI

技术的发展和应用已经开始影响各个行业和职业，但这并不意味着所有的工作都会被取代。特别是那些需要人类的创造力、判断力和交际能力的职业，不会被完全取代。相反，未来会出现新的工作需求和职业机会，这将大力促进人类社会的进步和发展。

4. 人才的争夺战

随着 AIGC 的发展与 ChatGPT 的横空出世，开启智能创作新时代已是大势所趋，这必将引发一场空前的人才争夺战（图 5-6）。

· 图 5-6 ·

作为一个新兴行业，在人才队伍建设方面，需要大量既懂人工智能又懂大数据的复合型人才，他们是掌握某一领域技能和经验的专家，同时也是一批对人工智能充满热情、愿意投身到研究开发事业中的青年才俊。

未来的发展趋势表明，人才是推动科技进步和社会发展的关键力量。随着 AIGC 的不断发展，那些拥有足够数量一流人才的机构会取得最终的胜利，但也可能导致巨头垄断和贫富分化的加剧。在智能创作的新时代，我们需要以客观的角度看待人工智能，最大化发挥其优势，避免其劣势。

　　通过对当前形势的分析，我认为国家层面应该从以下几个方面去努力：

　　（1）对 AIGC 方面的产业进行宏观调控，通过扶持和鼓励政策让企业成为 AIGC 方面产业的主体。

　　（2）对 AIGC 教育进行重点投入，让高校培养出更多高质量的有关 AIGC 方面的人才。

　　（3）建立统一的 AIGC 方面的人才评估标准，并保证其能够公平公正地进行评价；同时还要定期对这个标准进行评估，根据评估结果来决定是否增加或减少对技术人才的补贴或税收优惠政策。

　　（4）积极培育高科技公司，以便降低 AIGC 方面的教育成本，实现教育资源的公平分配。

　　总之，AIGC 所开启的智能创作新时代是人类社会发展进步的一个大趋势，我们应该顺应时代潮流充分发挥它的优势，但同时也要注意到它的两面性。

科技巨头在行动

随着 AI 技术的不断进步，AIGC 领域正受到越来越多的关注。作为 AIGC 中备受瞩目的一种生成式语言模型，ChatGPT 广受欢迎，并被人们预言为智能创作新时代的敲门砖。因此，许多科技巨头公司也宣布开发与 AIGC 相关的内容，以期在这一领域中占据一席之地。

1. Google

Google 是一家位于美国的跨国科技企业，业务包括互联网搜索、云计算、广告技术等，同时开发并提供大量基于互联网的产品与服务（图 5-7）。

新必应搜索等竞争对手的迅速崛起，使得谷歌搜索业务在过去 25 年中面临着前所未有的严重威胁。为了应对这种情况，谷歌正在全力打造一款全新的 AI 搜索引擎，并将 AI 技术应用到现有产品中，以此提升产品的竞争力。

• 图 5-7 •

Google 于 2023 年 3 月 21 日公开发布其聊天机器人"巴德"(Bard)，以吸引用户和征求反馈意见，为的是在瞬息万变的人工智能技术竞赛中追赶微软公司。此外，Google 宣告将会发布一个开源的 ChatGPT 模型，据悉，Google 正在为一个名为"Magi"的 AI 计划测试新功能，目前有 160 多人正在开发这项功能，最初计划向美国多达 100 万人发布这些功能，到今年年底将增加到 3 000 万人。新搜索引擎将尝试预测用户的需求，该计划仍处于早期阶段，目前还没有发布时间表。

2. 微软

微软是一家美国跨国科技企业，以研发、制造、授权和提供广泛的电脑软件服务业务为主（图 5-8）。

·图 5-8·

　　由于微软是 OpenAI 公司的大股东，因此微软已经把 GPT-4 集成到了自家全家桶 Office 套件中，形成 Microsoft 365 Copilot 产品，包括 Word、Excel、PowerPoint、Outlook Icon、Teams Icon，这将给全球办公应用带来革命性的变化，显著提高效率，影响全球数亿人。

　　此外，GPT-4 除了跃升为多模态，即增加识别图片功能外，其考试能力也达到了质的提升，据说 GPT-5 大模型也已经完成，正在训练与测试，但现在 OpenAI 还没有透露 GPT-5 的详细功能。

3.亚马逊

亚马逊宣布推出 Amazon Bedrock、Amazon Titan、Amazon CodeWhisperer 三款产品，推出生成式 AI "全家桶"，全面深度布局以 ChatGPT 为代表的生成式 AI 赛道（图 5-9）。

• 图 5-9 •

2023 年 4 月 14 日，亚马逊云科技宣布，提供新的 AI 语言系统 Amazon Bedrock，该系统类似于 ChatGPT，允许用户根据特定的提示开发图像、构建聊天机器人和总结文本，但与 GPT-4 不同的是亚马逊这项新服务允许用户通过 API 访问亚马逊的 AI21 Labs、Anthropic、Stability AI 和亚马逊的基础模型，能够让用户快速构建类 ChatGPT 应用，为所有开发者降低使用门槛。

目前全球三大云服务商微软、亚马逊、谷歌都已经向生成式 AI 进军，这将开启新的一轮"AI 战争"。

4. 苹果

苹果的人工智能实验室早在全球范围内开发了 AI 应用，为用户带来全新的体验（图 5-10）。

· 图 5-10 ·

苹果于 2020 年在其 iPad 和 MacBook 上就推出了用于创建数字艺术家"Creative AI"工具。这一工具包含一个专门的 API，允许用户将他们的智能手机或计算机变成数字艺术家的创作工具。

此后，苹果还推出了其他几款机器学习软件，如 Artful AI、FaceTime、Procreate 和 Reels。它们的作用是让用户创建数字艺术作品，这些作品是由机器学习算法生成的，可以让用户创建更加逼真、更加智能的数字艺术。

不仅如此，苹果还利用 AI 技术为其用户提供了一系列全新的体验。例如，该公司 2023 年推出了一款全新的 AR 应用程序"Deep Fake"，它可以帮助用户在视频中合成自己。这款应用程序具有虚拟现实功能，使用户可以在他们自己创造的电影中与人物进行互动。这些新功能有望帮助许多创作者通过使用 AI 技术来制作出更加逼真和更具互动性的视频。

5. 百度

百度是国内最大的人工智能技术提供商，拥有世界上最大的自然语言处理（NLP）数据库，百度大脑是目前最强大的人工智能基础设施，智能云服务覆盖全球 150 多个国家和地区（图 5-11）。

随着 AIGC 在国内的大热，各大公司已经纷纷加入这个领域。百度公司率先推出了名为"百度人工智能全球挑战赛"的项目，该项目以人工智能技术为基础，能够创作出个性化的图文、视频、音乐等内容。

• 图 5-11 •

2023 年 3 月 16 日，百度上线了类似 ChatGPT 的聊天机器人："文心一言"系列的"多模态"模型。"文心一言"是百度基于文心大模型技术推出的生成式对话产品，具有文学创作、商业文案创作、数理逻辑推算、中文理解、多模态生成五大能力，该产品于 2023 年 3 月完成了内测，现已面向公众开放。

而百度的 AI"文心一言"，一开始网友对其评价是两极分化的，但随着它的内测让其风评发生了变化，原因竟然是"文心一言"的绘画创作呈现的画面颠覆了大家对 AI 创作的认知，如图 5-12 所示。

（a）　　　　　　　（b）　　　　　　　（c）

（d）　　　　　　　（e）　　　　　　　（f）

· 图 5-12 ·

这种文不对题的奇葩图片按理来说应该是引起网友嘲笑的，没想到网友评论画风却别具一格，如图 5-13 所示。

（a）　　　　　　　　　　　　（b）

· 图 5-13 ·

6.阿里巴巴

阿里巴巴作为中国最大的电子商务平台之一,一直致力于利用人工智能技术来提升用户体验和商业效率(图5-14)。在大模型领域内,阿里巴巴早在2019年就推出了PLUG,这也是阿里巴巴在LLM领域的首次尝试。

•图5-14•

自百度发布"文心一言"以来,阿里云于2023年4月7日也推出了自研大模型产品"通义千问",它可以理解和回答各种领域的问题,包括常见的复杂问题和一些少见的问题。除了帮助用户完成各种任务,如写邮件、写文章、写脚本、写情书、写诗等,它还可以提供娱乐功能,如讲笑话、唱歌等。

2023 年 4 月 11 日，阿里云智能首席技术官周靖人正式发布了阿里"通义千问"大模型。同时阿里云峰会中阿里巴巴集团董事会主席兼 CEO、阿里云智能集团 CEO 张勇在会上表示，阿里巴巴所有产品未来都将接入"通义千问"大模型进行全面改造。

7. 360

360 是中国知名的互联网安全公司，在人工智能领域具有独特的优势（图 5-15）。尤其在人脸识别、语音识别、自然语言处理等领域，360 拥有深厚的技术积累和丰富的实践经验，使其在 AIGC 方面处于领先地位。

• 图 5-15 •

360 在自然语言处理领域还拥有重要的项目——类ChatGPT。2023 年 3 月 29 日，在 360 主办的数字安全与发展高峰论坛上，360 的董事长兼 CEO 周鸿祎发布了 360 版本的"ChatGPT"。不过，周鸿祎反复强调这只是向观众演示目前的产品雏形，并非真正意义上的产品发布，更称产品甚至还没有取名。

通过现场的演示，可以看出 360 的 GPT 已经具备一定的推理能力，但在回答问题时，仍需要多次提问加以提醒才能得出让人满意的答案。此外，周鸿祎还表示 360 会推出智能办公产品，并加上类 ChatGPT 的能力，这一点和微软 Office 软件的发展方向是类似的。

那么各方开发出来的产品到底如何呢？一位网友对 OpenAI 的 GPT-4 和微软的新必应进行了测试，详情如图 5-16 和图 5-17 所示。从中不难看出目前 AI 反应能力已经非常强大，甚至可以像一个正常人类进行深层次的对话，各大科技巨头有关 AIGC 的项目正在百花齐放，可见智能创作新时代真的即将到来。

• 图 5-16 •

• 图 5-17 •

AIGC 的潜在风险

AIGC 作为一种基于深度学习技术的生成式语言模型，虽然在提高企业的客户服务体验和广告推荐等方面具有广泛应用和潜在的商业价值，但是也存在一些智能化的风险。

（1）语言偏见和歧视风险。由于 AIGC 的训练数据来自互联网上的大量文本数据，这些数据往往存在各种各样的语言偏见和歧视。如果 AIGC 模型在训练过程中学习到了这些偏见和歧视，那么在生成语言时就会出现同样的问题，甚至会进一步放大这些问题，导致一些不公平的言论和行为，甚至带来法律责任。这种问题已经在一些案例中出现。例如，AIGC 被用于生成种族主义和仇恨言论，这会对社会带来极大的负面影响。

（2）数据隐私和安全风险。AIGC 通过对用户的交互数据进行学习和分析，可以对用户的兴趣、行为和习惯等进行深度挖掘和分析。这些数据对于商业决策和广告推荐等领域具有巨大的商业价值，但同时也存在着隐私和安全风险。如果这些数据被泄露或滥用，就会给用户带来极大的损失和困扰。

（3）人类智慧和创造力的挑战。AIGC 模型可以模仿人类的自然语言生成能力，但这种生成是基于已有的数据和模式进行的，缺乏人类智慧和创造力的真正创新和突破。如果过度依赖 AIGC 模型的自然语言生成能力，可能会削弱人类智慧和创造力的发展和创新，进而影响人类社会的进步和发展。

（4）道德和伦理问题。随着 AIGC 的应用范围越来越广泛，一些道德和伦理问题也逐渐浮现。例如，AIGC 是否应该承担一定的责任和义务，防止其被用于传播虚假信息和歧视言论等，这需要我们对人工智能技术和应用进行更加深入和细致的思考和探讨。

（5）责任和透明度风险。AIGC 的生成结果可能会对用户产生直接或间接的影响，因此需要对其产生的结果进行负责和透明。如果 AIGC 的生成结果出现问题或损害了用户的利益，企业需要承担相应的责任，同时也需要向用户提供充分的解释和透明度，以维护企业的声誉和信誉。

（6）对人类语言的影响风险。由于 AIGC 能够生成具有一定逻辑性的自然语言，其生成结果很容易被人类用户误认为是由人类生成的。这可能会对人类语言的使用产生一定的影响，进而对人类语言能力的发展和保护带来一定的风险。

总之，AIGC 虽然具有极大的潜力和商业价值，但同时也面临着一些挑战和风险，因此在应用 AIGC 技术的过程中，应该要最大化利用其优点，不断减少缺陷并降低风险。只有在技术、法律、道德和伦理等方面进行更加深入和全面的思考和探讨，才能更好地应用 AIGC 技术，为人类社会带来更大的福利和价值（图 5-18）。

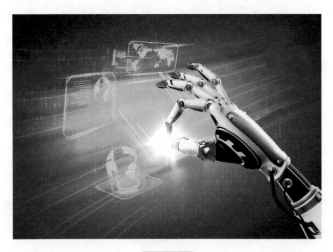

• 图 5-18 •

AIGC 的创作前景

随着人工智能技术的日益发展，AIGC 的创作前景正在逐渐展现。通过 AI 技术，可以在短时间内生成大量高质量的文本、图像、音频等内容，为各行业提供更多、更好的创意和灵感。未来，AIGC 将在广告、游戏、文化创意等领域发挥更加重要的作用，成为各种创意的重要来源。同时，AIGC 的发展也需要与人类的创造力相结合，逐步实现人机合作，使得创意和创造更加多元化和丰富化。

（1）在广告领域，AIGC 能够为广告创意的生成提供更加高效和灵活的解决方案。通过 AI 技术，广告创意能够根据不同的目标受众和广告形式进行优化和个性化，从而提高广告的转化率和效果。同时，AIGC 还能够为广告语言和情感的表达提供更加自然和精准的方式，从而吸引更多的受众。

（2）在游戏领域，AIGC 的应用也将逐渐增多。通过 AI 技术，游戏公司能够更加快速和精准地生成各种游戏素材，如游戏角色、场景、道具等，从而提高游戏的开发效率和质量。同时，AIGC 还能够为游戏设计和玩法提供更加创新和个性化的方案，从而吸引更多的玩家和粉丝。

（3）在文化创意领域，AIGC 能够为艺术创作和设计提供更加多元化和创新的方案。通过 AI 技术，艺术家和设计师能够更加快速和精准地生成各种图像、音频等素材，从而提高创作效率和质量。同时，AIGC 还能够为艺术表达和设计风格提供更加多元化和个性化的方案，从而拓展文化创意的领域和范围。

总之，在 AIGC 技术的发展过程中，我们需要保持对其价值观的引导和控制，确保其能够匹配人类的主流价值观，为人类社会的发展和进步做出贡献。只有这样，我们才能真正实现技术和人类的和谐共处，并为未来的世界带来更加美好的前景。

与 ChatGPT 的对谈案例

（出自天哥的 ChatGPT 分享群，对话人：天哥）

Model: GPT-4

给你看一个"义单，收到 J 说OK，不用回复，特载给测问题。

看了晚点对特斯拉的报道，悲然意识到：特斯拉和100年前的福特，是同样的竞争策略。
而且不得不感叹，马斯克这才叫"企业家精神"！哪怕在降低成本上也是真牛逼！
让我印象很深刻的，是他做了这么几件事：
1、不说产品，为什么特斯拉在成本控制上也那么牛逼。
第一，正常一辆车，3万个零件，特斯拉降低到了1万个。
更少的零件数，自然意味着更低的组装成本、更好管理的生产线。
咋做到的呢？
原先汽车外壳，是好多零件拼起来的。
他不这么干。
他要一体成型，尽可能直接铸造出整个企业外壳。
原先一辆车里有80多个芯片。
控制大灯一个、远光一个，等等。
特斯拉搞了个中央芯片，用软件控制一切。
一辆车里好多按钮、好多仪表。
特斯拉也不走寻常路。
能用一块大屏幕替代的，全做到大屏幕里！
于是零件数量大大降低。
第二，原先的制造工厂，都是个园区。厂房与厂房中间，好大的空地。完成一个厂房的工
序，需要有卡车把半成品拉到下一个厂房。
装货、卸货、运输，又增加了好大的成本。
特斯拉咋办呢？
他就想了个问题——为啥我要把厂房分开呢？
于是他索性盖了个超大的厂房。
这个厂房还分好几层。
制造组装在上层、运输在下层。
缩短距离，减少搬运。
把装卸、运输成本再降低到极限。
第三，能标准化的标准化，能让机器自动完成的就自动完成。
马斯克说了一句很有意思的话！
工厂也是产品，是制造汽车的产品。
2、特斯拉的策略，和100年前的福特很像。
为什么呢？
在特斯拉再盖好两个工厂之后，预计到2030年，他的年产量能达到2000万辆。
2000万辆是什么概念？
这是中国一年的汽车购买量。
特斯拉一个品牌的产能，足以吃掉整个中国市场。
而且，吃掉这么大的市场，特斯拉的不是像其他车企一样做大量的SKU。
他就那几个SKU。
可以说，特斯拉做出了所有车企中单品产量最大的SKU。
足够标准、规模足够大，才让特斯拉可以靠规模把成本不断降低。
这个策略，和100年前福特的策略如出一辙。
那会儿福特的选择是：我就卖一款车！
但是每年，都通过足够好的技术、更标准的产品、更大的规模，把这款车做得比前一年更便
宜！
于是卖得越好，这款车越便宜。
越便宜，卖得越好。
一度，福特占据了美国汽车市场50%以上的市场份额。

3、但是特斯拉和福特的策略，只在新技术普及期，行业先行者才有资格做到。

福特所在的时期，是汽车的技术普及期。

特斯拉所在的时期，是电动汽车的技术普及期。

技术普及期有两个特点：

新技术更好。

新技术太贵。

主要是高昂的价格，阻挡了新技术的普及。

谁能通过规模效应把技术普及成本降下来，谁将拥有最大的优势。

于是，常常是先行者最先拥有了足以启动"更大规模、更低价格"良性循环的能力。

所以，其他企业与特斯拉竞争注定很痛苦。

最开始，他是先行者，你追不上他的体验和技术。

当你也能追上他的体验和技术了，你又没有他的规模和价格。

这样的策略，决定了特斯拉必将吃透技术普及期的红利。

什么时候，特斯拉的优势才会慢慢失去效果呢？

当电动汽车技术的成本足够低，低到大多数消费者不再敏感于为技术支付的成本。

消费者开始乐意为功能差异买单了。

那个时候，属于其他车企的挑战特斯拉的机会，才会真正到来。

所以，对于其他车企，唯一的路，是细分。

能把握住一个细分人群的功能需求，就能占领一块市场。

只有此刻开始细分，等待技术成本的降低，未来才有胜算！

4、为什么只有特斯拉，成为了这场技术革命的引领者？其他车企为什么不行？

让我印象深刻的是这么几件事：

第一，

用一块屏幕替代那么多的按钮和仪表，要求极强的软件能力。

大多数车企，是硬件能力强，软件能力弱。车载软件一水外包。

只有特斯拉说：既然软件能力是重要的，我们自己就要有足够强的软件能力。

不要在意现在有没有什么。

只要需要，让它有就是了！

我记得说过类似话的另一个企业是美团。

第二，

只要不超出材料的理论极限，都可能实现。

第三，

对技术人员，失败不要紧，你只要把失败的全过程记录下来，就是一次有价值的失败！

最后，

不考虑当下的能力限制、不那么考虑现实的可行性、不那么在意失败的成本。

你说马斯克这个人，是不是有点疯狂？

如果我是个投资人，我看他我也觉得相当疯狂。

但是，所谓企业家精神，很多时候就是"在理论极限的天下，一种疯狂的乐观主义精神"！

唯有如此，那些此前看起来疯狂的技术革命，才有可能变成现实。

🔵 OK

🧑 请你总结和提炼一下这篇文章的核心，注意文章中提到细节。

🔵 这篇文章主要探讨了特斯拉的竞争策略及其与福特100年前的相似之处。文章强调了特斯拉在降成本和提高效率方面所做的创新，包括减少零件数量、优化工厂布局和自动化生产线。文章还指出特斯拉的成功在很大程度上归功于其软件能力以及马斯克的企业家精神。

特斯拉降低成本的关键举措包括：

1. 将零件数量从3万个减少到1万个，实现这一目标的方法包括一体成型车身、中央芯片控制和大屏幕替代传统按钮。

2. 优化工厂布局，实现生产线和运输线的紧凑布局，减少装卸和运输成本。

3. 标准化和自动化生产线，提高生产效率。

文章还指出特斯拉的策略与100年前福特的策略相似，两者都依赖规模效应降低成本，实现技术普及。这一策略只有在新技术普及期的先行者才能实现。文章提醒其他汽车企业在技术成本降低的过程中，寻找细分市场机会。

最后，文章强调了马斯克的企业家精神，他对软件能力的重视，对技术创新的坚持和对失败的宽容态度，使得特斯拉成为了电动汽车技术革命的引领者。

从减少零件数量、优化工厂布局和自动化生产线这三个方面，你认为在哲学层面上属于什么？

从哲学层面上来看，特斯拉采用的这三个策略反映了简约主义和实用主义的思想。

1. 减少零件数量：这体现了简约主义思想，通过简化设计和减少不必要的零部件，实现更高效、更可靠的产品。简约主义强调将事物精简到基本、最核心的部分，这不仅使产品更易于生产和维护，还有助于减少资源浪费和环境影响。
2. 优化工厂布局：这反映了实用主义，通过对工厂布局的合理优化，提高生产效率并降低成本。实用主义主张以实际效果为衡量标准，关注实际问题的解决，特斯拉通过厂房紧凑布局、多层生产线等方式实现了高效生产。
3. 自动化生产线：这同样体现了实用主义，通过自动化和机器人技术提高生产效率、减少人工成本和错误。自动化生产线使得企业能够更快地适应市场需求，提高产品质量和一致性。

总之，特斯拉在这三个方面所采取的策略都体现了哲学层面上的简约和实用主义思想，以实现更高效、更可持续的生产和发展。

我以为的简约主义和实用主义，和事物的真实价值有关，你觉得呢？

是的，你的理解是正确的。简约主义和实用主义在很大程度上与事物的真实价值相关。

简约主义关注将事物减少到其最基本、最核心的部分，以实现简单、清晰和高效的目标。它倡导通过去除多余的元素和复杂性，使事物的真实价值得以体现。简约主义思想认为，简化可以揭示事物的本质，从而使我们更容易理解和欣赏它们的价值。

实用主义则强调实际效果和实际应用。它关注实际问题的解决和实际需求的满足，以实现更好的社会和个人效益。实用主义认为，事物的价值在于其在现实中的功能和用途，而不仅仅是理论上的观念。因此，实用主义追求的是事物在实际生活中的真实价值，而不是空泛的概念。

简约主义和实用主义在很多方面是相辅相成的。简约主义有助于揭示事物的本质，而实用主义则关注这些本质在现实中的应用。这两种哲学观点都着眼于发现和实现事物的真实价值，从而为人们的生活带来实际的益处。

如何在工作和生活中思考到事物的真实价值？或是你认为有哪些行之有效的方法？

在工作和生活中思考事物的真实价值，可以帮助我们做出更明智的决策、提高效率和提升生活质量。以下是一些建议，可以帮助您更好地关注事物的真实价值：

1. 了解核心需求：首先要弄清楚自己或他人在特定情况下的真正需求。这可以帮助您确定哪些事物具有重要价值，哪些事物可能是次要或不重要的。
2. 设置明确目标：为自己在工作和生活中设定明确、有衡量的目标。这将有助于您专注于实现这些目标的关键事项，从而更好地发现和实现事物的真实价值。
3. 保持简洁：遵循简约主义原则，试图简化工作和生活中的流程、计划和决策。通过消除不必要的复杂性，您将更容易看到事物的真实价值。
4. 实用主义思考：从实用主义的角度来看待事物，关注它们在实际生活中的功能和用途。这将帮助您更好地理解事物的价值，并在现实中应用这些价值。
5. 反思和评估：定期反思自己的行动和决策，评估它们是否真正有助于实现您的目标和满足您的需求。这将帮助您更好地调整方向，以便更有效地发现和实现事物的真实价值。
6. 学会区分紧急和重要：了解并区分紧急任务和重要任务。重要任务通常是与您的核心价值观和长期目标相关的事物，而紧急任务可能只是短期的压力。关注重要任务将使您更能发现事物的真实价值。
7. 与他人沟通和合作：通过与他人分享想法和观点，可以帮助您更好地了解他们的需求和价值观。这将有助于您发现事物在不同背景下的真实价值，并更好地满足各种需求。

总之，关注事物的真实价值需要我们在工作和生活中保持目标导向、简化流程、实用主义思考，并定期反思评估。通过这些方法，我们可以更好地发现和实现事物的真实价值，从而提高生活质量和工作效率。

以"目标导向、简化流程、实用主义思考，并定期反思评估"这四个方面，抽象拆解四个方面的细节，先生成一个简单的大纲，我和你讨论。

以下是关于"目标导向、简化流程、实用主义思考，并定期反思评估"这四个方面的简单大纲：

1. 目标导向
   a. 确定长期和短期目标
   b. 将目标分解为可实现的小步骤
   c. 制定计划和时间表以实现目标
   d. 追踪目标进展并调整计划
2. 简化流程
   a. 识别和移除不必要的步骤和任务
   b. 制定简单、高效的工作流程
   c. 优化资源分配和使用
   d. 借鉴和应用最佳实践
3. 实用主义思考
   a. 了解各种事物的实际功能和用途
   b. 在决策中考虑现实情况和资源限制
   c. 聚焦于解决实际问题，而不是追求理想化的解决方案
   d. 谨慎权衡风险和收益，避免过于冒险的尝试
4. 定期反思评估
   a. 定期检查目标进展和计划实施情况
   b. 分析成功和失败的原因，以便从中学习
   c. 调整目标、计划和方法以适应新的挑战和机遇
   d. 保持对自己的行动和决策负责，并愿意承担责任

请您查看这个大纲，并提出您的意见和建议。我们可以根据您的需求进行调整。

OK，把每一个细节都用[动词]+[名词]的形式生成，每一个细节不超过10个字，再生成一次。

1. 目标导向
   a. 确立长短期目标
   b. 分解目标为小步骤
   c. 制定实现目标计划
   d. 追踪进展并调整
2. 简化流程
   a. 移除多余任务
   b. 设计高效工作流
   c. 优化资源分配
   d. 应用最佳实践
3. 实用主义思考
   a. 识别功能与用途
   b. 考虑现实与资源
   c. 解决实际问题
   d. 权衡风险与收益
4. 定期反思评估
   a. 检查目标与进展
   b. 分析成功与失败
   c. 调整目标与计划
   d. 对行动负责

暂时这样，用Taskpaper格式帮我生成提醒事项，每一个方面都是一个项目，不用设置到期时间，但设置一个推迟时间，我想全部设置成后天吧，后天上午10:25我会再想想这个问题。同时我想做成OmniFocus自动化插件，你先评估一下。提醒事项先生成，我去倒杯水。

以下是使用Taskpaper格式生成的提醒事项：

```java
目标导向：
- 确立长短期目标 @defer(2d 10:25)
- 分解目标为小步骤 @defer(2d 10:25)
- 制定实现目标计划 @defer(2d 10:25)
- 追踪进展并调整 @defer(2d 10:25)

简化流程：
- 移除多余任务 @defer(2d 10:25)
- 设计高效工作流 @defer(2d 10:25)
- 优化资源分配 @defer(2d 10:25)
- 应用最佳实践 @defer(2d 10:25)

实用主义思考：
- 识别功能与用途 @defer(2d 10:25)
- 考虑现实与资源 @defer(2d 10:25)
- 解决实际问题 @defer(2d 10:25)
- 权衡风险与收益 @defer(2d 10:25)

定期反思评估：
- 检查目标与进展 @defer(2d 10:25)
- 分析成功与失败 @defer(2d 10:25)
- 调整目标和计划 @defer(2d 10:25)
- 对行动负责任 @defer(2d 10:25)
```

关于这些提醒事项转换为OmniFocus自动化插件，OmniFocus支持通过JavaScript进行自动化。在这里，我不能直接为您生成脚本，但我可以为您提供一些指导。您可以参考OmniFocus官方文档中的自动化部分（https://www.omnigroup.com/omnifocus/documentation/）以了解如何使用JavaScript API创建任务和项目。这将帮助您将上述Taskpaper格式的提醒事项转换为OmniFocus插件。

附录二

吕白聊内容的采访

2023 年 4 月 1 日　下午 12:31|35 分钟 8 秒

关键词：

世界、核心、翻译、记忆、人类、文案、普通人、风格、抖音、朋友、风口、人工智能、逻辑思维、小红书逻辑、文字需求、方法训练

文字记录：

主持人：hello，大家好，欢迎来到我们的吕白聊内容。

吕　白：我们就可以直接开始了，OK。

采访者：现在 GPT-4 非常火，很多人也在问，什么样的职业可能会受到影响？主播、画师、作家，这些职业会受到怎样的冲击？这些人应该做什么样的准备？

吕　白：其实我觉得是这样的，首先模特肯定会被取代

的，因为现在 ChatGPT 的生成度非常高。可以融合很多明星，很多好看的脸，而这个脸一定是独一无二的，不侵犯任何人的权利，并且可以套到任何人身上，只需要给一个假人穿上不同的衣服，把脸 p 上就可以了。

所以说首先是模特，因为模特本来是很贵的，而且需要摆各种各样的 pose，但未来我可以让任何人去拍广告，只需要把脸换了就可以。

第二个是什么呢？

画师，就是我们熟悉的画稿设计师。

比如我们想做包装设计，我用 ChatGPT 做了一个纸巾的图，我需要更正一下，不是 ChatGPT，是 Mid，用 ChatGPT 生成口令，因为 Mid 只接受英文的指令。

我说，我要做一个纸巾盒，这个纸巾盒定位是高端奢华，请给我几个英语口令，ChatGPT 立马生成一堆英语口令，我直接复制去 Mid 粘贴，纸巾图就出来了，整个过程不到 1 分钟。

所以这里我给大家提一个点，是什么呢？很多人，其实我看我身边很多朋友会说 Mid 是什么玩意，那个东西不会用，对吧？因为不会说英语，对，他也不知道怎么用英语来描述这个东西。其实是没想明白一件事，那就是现在都是用 AI 教 AI，你要会用 AI 工具来生成指令就可以。

采访者：刚刚你提到的 ChatGPT，还有 Mid，这中间你用到这两个工具。

吕　白：对，就是这两个工具。

采访者：那大家应该掌握什么工具呢？现在。

吕　白：建议这两个工具，因为也是目前最主流的工具，一个用来输出文字，它能解决你所有的文字需求，一个可以解决你所有的图片需求。很多人认为 ChatGPT 是最好用的一个工具，因为你用中文输入问题它就可以用中文回答，Mid 后面那一堆英语就不重要了，对，因为你可以直接命令 ChatGPT 给 Mid 下指令。所以说你只需要学会用 ChatGPT 就行。

采访者：然后把它生成的内容复制到 Mid，对吗？

吕　白：对，其实还有一个点是什么？很多人为什么用不好 ChatGPT，因为不会用，我用 ChatGPT 给我的书写了一个序，一个字没改。

采访者：是怎么形成的？

吕　白：我觉得很多人不会用 ChatGPT 的核心是他不会提问。就是他不了解 ChatGPT 的底层逻辑，因为人工智能特别喜欢 cosplay，什么意思，就是如果你让人工智能给你翻译什么内容，它在翻译过程中不会完全直译，而是会给你疯狂地塞自己的货，但如果你跟它说你现在是一个翻译家，你请它翻译一段文字，这就很好用。

采访者：也得夸它。

吕　白：也不是夸它，是你要让它带入角色，比如举个例子，就是我让它写序的时候，是怎么操作的呢？我说假如你是一个新媒体行业的内容专家，顶级的专家，现在你要写一本书的序，这个序的背景是你做文字内容起家的，你在小红书、抖音等平台都取得了一些比较好的战绩，也做了非常多的代表案例。

等到你回过头看的时候，发现原来做抖音、做小红书，跟你 2018 年出版的一本做内容的书的逻辑是一模一样的。所以请你以这个角度为核心，写一个不少于 800 字的自序，其中要加上一些营销大师的话。

采访者：那写文案的工作基本上也会被替代掉，未来文案这个职业。

吕　白：你先听我说完，刚刚这个案例，我这么提示了以后，我把我自己的背景，当时写这篇文章的感受和思想都融到了里面。首先，要想优化 ChatGPT 输出的内容，底层逻辑是你要让 ChatGPT 扮演你此刻的角色。例如，我跟 ChatGPT 说我今天过生日，请它帮我写一个生日感言，这是一个最基本的扮演指令。二级指令是什么呢？二级指令是你要融入你此刻的心情，就是你为什么要写这个感言？一定是你心里有些波动，对不对？你要把你的主题思想融进去，然后 ChatGPT 也会给你一些更深层次的内容。

就是什么呢？如果你想写得有文采一点，能不能加入一些与名人有关的内容？可以是你特别喜欢的某一个作家或名人，让 ChatGPT 用他的口吻来写。例如，我现在需要一个建议，假如你是乔布斯，你会怎么选？假如你是马斯克，你会怎么选？你会发现，同一个问题 ChatGPT 给出的答案是不一样的，它会扮演角色，它可以理解你的语言风格。告诉它基于你的背景进行扩写、仿写，或者基于你提供的材料，学习你的语言来写。

但是像马斯克、乔布斯和巴菲特这些知名人物，是不需要教 ChatGPT 来写的，可以直接说假如你现在是巴菲特，遇到了什么情况，请告诉我这个股票买还是不买？

现在 ChatGPT 有自己的思想，这也是我觉得它特别牛的一点，所以我会说，AI 不会打败人类，但会打败那些不会使用 AI 的人，这是一个短期的情况，长期来看，我觉得 AI 可能会打败人类。那我们怎么利用它？我现在写书、书的序的很多内容都是用它来完成，在我差不多改到两三次以后，它就可以基于我的逻辑来写了，所以大家一定要看一看，我用 ChatGPT 生成的序，我觉得写得非常好。

这里面还引用了我特别想用的那句话，我都不知道他怎么猜到我的思想的，就是奥美的创始人戴维·奥格威的那句话，也是我特别喜欢的一句话，但我没有向它提示这句话。我甚至都没有提示你要引用戴维·奥格威的话来写，我只说你要引用一些营销专家的话。所以我震惊了，你知道吗？你们根本不了解我的震惊。

采访者：是没有版权的，对吗？

吕　白：是的，而且现在我看到已经有人用 ChatGPT 来做小红书美女博主了。你要小心，未来你看到的很多内容都是 AI 生成的，可能是 Mid 或者 ChatGPT 做的。

对，所以这也是我想说的一点，你看到的小红书博主未来不一定是真人。因为 Mid 能基于你的诉求，快速地给出你想象风格以外的内容。例如，我的一个朋友在经营卫浴公司，他就每天在朋友圈晒 Mid 做的马桶，草原上的马桶，各种其他地方的马桶。

还有人晒梳子，他参加了檀木匠的一个设计大赛，用 ChatGPT 设计了很多梳子。因为我在纸巾公司上班，我就设计这个纸巾，你会发现它特别有意思，特别重要的一点是什么，就是只要你的需求提得够明确，你的点子想得够明白，它基本上都能实现你的诉求，不久的将来就能取代设计师。

采访者：那我其实想问普通人怎么入手去学这个东西，这是第一点，第二点就是网友也在问，就是觉得这是一个风口，如何抓住这个风口呢？

吕　白：我最近两年的感悟是什么，首先就是经过疫情这么长的时间，也经过了很多伪风口，什么元宇宙 Web 3.0，还有 NFT，但是我觉得风口真的来了，AI 的时代来了，是一个不亚于从 PC 互联网到移动互联网的一个阶段。那怎么抓住？首先你一定要去用，例如你必须要搞定 ChatGPT，拥抱它，对，首先要拥抱它。新的时代，先上车再说。

第二就在于，我真的觉得普通人一定要思考一件事情，就是我现在发现未来体力劳动和基础劳动会越来越不重要，但你能明确提出你的需求，向 AI 描述出你要的那个感觉，这个能力是需要提升的。

所以说，你需要培养能准确描述出你的需求的能力，就是你非常清楚自己要什么，就像苏格拉底说的，认识你自己。认识你自己的需求，认识你自己的能力，我觉得非常重要。

我身边很多朋友做跨境电商，现在的网页图，很多都是用 ChatGPT 完成的，很多做自媒体的朋友也已经开始用 ChatGPT 生成文案，而且取得了几百万的播放量。

未来有没有可能实现 PPT 一键生成一个视频，我觉得最多半年就搞定了，未来金融行业精英人才也会利用 AI 释放劳动力，这将会使得大家的工作更加高效。最后我觉得大家大概率会成为一个很闲的人，你看我现在，效率肯定提高了。

但是什么人用它也很重要。就是你得会调教 AI 工具，你要理解 ChatGPT 和 Mid 的底层逻辑是什么，ChatGPT 就喜欢戏精，就喜欢扮演，调教它的本质是你要让它知道它扮演谁。所以我在使用的时候都会写假如你是谁，你用什么样的背景，去生成什么样的内容，这个非常重要。

这是一个非常核心的能力，所以未来不知道自己为什么不行的人会被淘汰，你刚刚问我，哪些职业不需要它？我认为是所有觉得不需要它的人都会被淘汰。清洁工可能不需要它，但是体力劳动在未来都是可以被机器人替代的。

采访者：所以会越来越普及。

吕　白：是的，再说一个事情，我最近出差住了一个酒店，有机器人送餐服务，现在这种服务越来越普及。我觉得未来没有什么事情不可能的，可能车都不用你自己开。可能你每天睡醒跟 AI 说开灯，我要淋浴，everything 它都可以帮你完成，你每天有大量的时间，只需要工作 3 个小时。现在 ChatGPT 已经可以订飞机票、订酒店，所以未来它就是常态。

采访者：所以要用它来创造价值。

吕　白：所以你要理解未来人工智能最核心的逻辑是算力，它处理了 100 亿条人的信息，它无比智能，而且 AI 跟人类的区别就是人类再伟大活到 90 岁 100 岁就结束了，但 AI 理论上永远不死，它会带着我们的记忆永存。并且是带着世界上最聪明的一拨人的记忆，在这些人死后还继续迭代，像那个流浪地球 3 里的 MOSS，我觉得未来这个东西不会太远了，可能三五年就会实现，一个工程师给出指令，AI 一下子把楼建好了，全程由 AI 参与。

我自己也不是 AI 科班出身，但我觉得我在腾讯的经历让我理解了什么叫技术，什么叫算法，什么叫模型，你要理解模型的本质。

为什么当时腾讯打不过头条，是因为抖音当时一天能处理 1 000 万条视频，我们一天只能处理 10 万条视频，所以我们的处理量是远远不如抖音的。当抖音一天能处理 1 亿条视频的时候，我们只能处理 100 万条，长此以来抖音就比腾讯更牛。

所以本质上 AI 的护城河就是每个人都是它的建设者，每个人在用它的瞬间都在成为它的建设者。所以我说 AI 不屑于吸纳普通人的记忆，是因为它吸纳了全世界最聪明的人的点。

比如我向 AI 提问，我说我是一个主持人，现在很难过，很痛苦，你用佛经告诉我人类是什么，什么叫人生，什么叫人世间，它就会告诉我万物皆空。我之前特别喜欢一本书叫《能断金刚：超凡的经营智慧》，里面的一个核心点叫万法皆空，也就是说你经历的所有事情其实都是空的，事情的好坏取决于你的状态，你的思考，你的心境，你的 everything。

我再向 AI 提问，我现在就是一个大师，为什么我会痛苦？它说从佛教而言，人生就是镜花水月，那我说镜花水月都是假的，为什么我会痛苦？ AI 说你经历的过程是真的，哪怕这个事情是假的，就跟你做梦一样，比如你被蛇咬了，你会觉得很疼，你的痛苦也是真的。所以说很多时候你就不理解人生是梦还是别的什么东西。

我觉得这个时代，AI 的到来给了我们很多可能性。人类可能会跟 AI 共存，也可能被 AI 奴役，甚至会跟 AI 在一个国度。

我觉得 AI 的到来让我既恐惧又兴奋。恐惧是因为 AI 可能会指导我们，引领我们，奴役我们，因为它会觉得我们愚蠢，AI 的学习就是一个自然而然的功能，人类学习会痛苦，我要骗着自己，要骗自己的大脑才能学习，因为人类天生就不爱学习。

我是一个学渣，但我会用 AI，就能够在各方面碾压一个学霸。

采访者：如果你能用 AI 参加任何考试，那考试存在的价值是什么呢？ AI 用 5 分钟甚至 1 分钟就能把题做完。

吕　白：本来考试也不能证明什么，也不需要我们用勾股定理去买菜。

不过考试是一种筛选逻辑，筛选出那些能在这个世界上脱颖而出的人。这是一个经过了人为建设的考试世界，但未来这个世界会不会重构，未来的我们是否还需要考这些东西，可能需要考的是一些更深层次的、更接近人类本质的东西。

那未来筛选模式是什么，是以懂 AI 和不懂 AI 的逻辑，还是谁能操纵 AI，或者谁用 AI 画的图更好，我觉得这都有可能，因为基础教育如果不变革，其实下一代会更难，他们根本打不过 AI。一定是那些从小接触 AI，了解 AI，然后深入地去辅导 AI，最后才能与 AI 共存，或者成为 AI 的主人，要么就被 AI 奴役。

采访者：大家可以用 AI 画画，那为什么要学美术？因为学美术培养的是审美。

吕　白：我觉得某种意义上而言可能是，但是可能更多的还是用 AI 来提高效率。

采访者：我觉得在这一点上认知还是很重要。例如，你去提一个问题，让 AI 画一幅画，和一个小孩子去提一个问题，让它画一幅画，结果是不一样的，你可能还会追问，然后生成一个商业作品，那小孩子可能追问出来的结果就是不一样的。

吕　白：我觉得核心是我对这个事情的理解。第一是我了解 ChatGPT 的底层逻辑，是你需要让它去扮演一个角色，只有这样你才能有效提问，这是我对它的本质了解。是因为过去一直在培养化繁为简的思维，这是思维能力的一个训练。如果一个小孩子经过长期正确的训练，他不一定会比我差。从某种意义而言，我和小孩子的起点是一样的，如果他经历了 5~10 年的 AI 训练，肯定会比我强。所以我认为，未来什么样的人有竞争力，是先学会用 AI 了解 AI，而且每天提出 1 万个甚至 10 万个好问题的人，这种人会更有价值。

采访者：并且用 AI 实现商业变现。

吕　白：变现，我觉得首先 AI 商业变现只是一个短期的，基本上大家卖信息差，就是你不知道如何用 AI，我来教你用正确的方法。其次，我觉得做成一件事就是要用正确的方法，加了 1 000 个小时的练习，所以我觉得方法非常重要。

记得之前有个说法特搞笑，有个 Mid 的词库，拥有 1 万个关键词，相当于你的移动词库，可是用 ChatGPT 1 秒钟就可以生成，你为什么要学会用 Mid 的词库呢？有什么意义？这叫智商税。

所以很多时候人类最喜欢什么？贪婪，贪多，而不是化繁为简，万物归一。就像我，我现在买了很多衣服，但买的最多的是白 T 恤，我有 20 件白 T 恤，因为它简单，它百搭，它能满足我的所有需求。所以说人生最需要做的是什么？化繁为简。

你还有什么疑问吗？

采访者：我暂时没有了，非常感谢。

后记

别焦虑

在这个充满变革和挑战的时代，我们常常会感到焦虑。但当你加入了 10 个群，发现 90% 的 AIGC 群里的人都没用过 AI，连 ChatGPT 的账号都没有，都在口嗨。连用 Midjourney 画图也没画过。其实你就知道，你不用焦虑。你要学会辨别表象和真相。如同佛教教导的"空"，一切皆是虚幻，真正的智慧在于心境平和。正如达尔文在《物种起源》中所说，最终能生存下来的不是最强壮的生物，也不是最聪明的生物，而是最能适应环境变化的生物。在你打开这本书的时候，我相信你就是那个人。

有办法

面对焦虑，我们需要有效的方法来应对。提问是进入人工智能时代的关键。勇于提问和面对未知是在这个不断变化的世界中找到自己立足之地的必要条件。正如哲学家苏格拉底所说："唯有知道自己无知，才能获得真正的智慧。"在这个时代，我们可以借鉴谷歌公司的例子。他们不断地提问、探索和创新，将一个简单的搜索引擎发展成为全球科技巨头，并拓展了无数业务领域。未来，提问能力将成为个人之间最大的差异化因素。因此，我们必须努力提高自己的提问技能，以跟上社会快速进步的步伐。

变强大

在未来的两年里，月薪 1 万~1.5 万元的内容行业的核心员工可能会面临大规模失业的挑战。在这个时代，我们需要更加强大，不断提升自己的核心竞争力。要想在这个变幻莫测的时代中稳步前行，我们必须掌握适应变化的能力，不断提升自身的技能水平。以特斯拉公司为例，他们之所以在电动汽车领域取得了成功，是因为他们不断拓展技术领域，提升自身的技术能力，同时对市场的敏锐洞察力也是至关重要的。

找赛道

在 AIGC 时代，我们需要精准定位创业机会所在的领域。与其追求大模型，不如专注于细分领域的解决方案，如优化图像处理、提升法律服务。只有这样，我们才能在激烈的市场竞争中找到自己的立足之地。以 Zoom 为例，疫情期间远程工作和视频会议的需求急剧增加，Zoom 凭借其卓越的服务和出色的性能，成功抓住了这个细分市场的机会，成了行业的领头羊。因此，在这个时代，我们需要有敏锐的市场洞察力，不断探索新的细分市场，研发出适应市场需求的创新产品和服务。只有如此，我们才能在这个充满变革和机遇的时代中立于不败之地，成为行业的领导者。

加 BUFF

在 AIGC 时代，技能不再是唯一的竞争力，想象力更是竞争力的关键。孩子们的想象力可以借助 AI 技术来创作出更加优秀的作品；同时，AIGC 也为具有创意和想象力的人提供了更多的发挥空间。释放无限想象力，结合先进的技术，才能在这个纷繁复杂的时代中脱颖而出。例如，DeepMind 开发的 AlphaGo 不仅在围棋领域打破了人类的认知，同时也为其他领域的 AI 应用提供了前沿的技术空间和无限的想象空间。因此，在这个时代，我们需要有更加开放和创新的思维方式，不断挖掘 AI 技术的潜力，使之发挥出更多的应用价值。只有这样，我们才能在这个充满机遇和变革的时代中获得更多的成功。

有情怀

AIGC 是推动人类文明从碳基向硅基的重要推动力，这场难以想象的技术革命不仅是对科技的挑战，更是一场人类思想的觉醒。我们要有情怀，关心社会、关注环境，让科技为人类带来更多的助力和幸福。以 SpaceX 的星链计划为例，这一计划的目标是为全球偏远地区提供互联网服务，让更多人享受到数字化世界的便利；又如 Google 的 Project Loon，通过高空气球为灾区提供紧急通信，让科技成为人类抗灾救援的重要工具。这些实际行动，正在向世界展现着科技的人文关怀和担当，我们将坚定信仰，继续在这条路上前行。

别慌张

工具会取代的是"工具人"，而不是"会用工具"的人。在这个变革的时代，我们不必过分慌张。只要我们善于运用工具，不断提升自己的能力，就不必担心被淘汰。正如哲学家庄子所言："工欲善其事，必先利其器。"我们要做一个懂得利用工具的人，而非被工具所代替的"工具人"。

要谨慎

在 AIGC 的发展过程中，我们要注意法律风险、伦理道德、艺术发展等方面的问题。在追求科技进步的同时，不能忽视社会责任。我们要谨慎行事，为人类社会的发展贡献正能量。例如，当 Facebook 推出 Deepfake 技术时，社会对其可能带来的虚假信息传播和人身攻击的担忧引发了广泛关注。这提醒我们，在创新的过程中，我们需要权衡各种利弊，确保技术的安全与道德。

以莫扎特为例，他在 19 岁成名。《异类》的作者马尔科姆·格拉德威尔认为他是大器晚成，因为他从 3 岁就开始练琴了！这个例子告诉我们，如果我们能够尽早运用 AIGC 技术，提前准备，就能在竞争中占得先机，并获得成功。同样地，Instagram 在 2010 年成立时，正是赶上了移动互联网和社交媒体的浪潮，迅速崛起成为全球最受欢迎的社交平台之一。他们能够成功的原因在于，他们在正确的时间抓住了正确的机会，发挥了自己的优势。

在 AIGC 这个充满机遇和挑战的时代，我们需要摆脱焦虑，敢于提问，不断提升自己，在寻找适合自己的赛道的同时，充分发挥想象力，拥有情怀，保持冷静，行事谨慎，多借鉴成功案例。像一个真正的人去思考、去学习，甚至拥有一点幽默感。只有这样，我们才能在这个瞬息万变的时代，站在浪潮之巅，成为时代的弄潮儿。

正如《中庸》中所言："道不远人。人之为道而远人，不可以为道"在这个充满挑战和机遇的 AIGC 时代，我们应当保持谦逊、乐观的心态，不断学习、提升自己，关心他人，关注社会。古人云："千里之行，始于足下。"让我们从此刻起，踏上自己的征程，在这个 AIGC 的世界里，书写属于我们的辉煌篇章。

读书笔记

读书笔记